Tout ce que vous devriez savoir sur la science

Ouvrage de Harry Collins

Les Experts artificiels
Seuil, « Science ouverte », 1992

Harry Collins
Trevor Pinch

Tout ce que vous devriez savoir sur la science

TRADUIT DE L'ANGLAIS
PAR THIERRY PIELAT

Éditions du Seuil

Titre original : *The Golem*
Éditeur original : Cambridge University Press

ISBN original : 0-521-35601-6

ISBN 2-02-043795-3
(ISBN 2-02-019468-6, 1re édition)

www.seuil.com

A la mémoire de Sidney Collins et à Joan Pinch

Préface de l'édition française

Depuis sa publication en anglais, ce livre a fait l'objet de nombreuses recensions. Elles sont pour nous l'occasion de dissiper un malentendu. Nous n'avons pas voulu donner une vision statistiquement fidèle de la science au quotidien telle qu'elle se pratique dans les laboratoires du monde entier. Bien au contraire : dans la majorité des cas, la science n'est pas sujette à controverse. Si donc on considère ce livre comme une présentation de la vie scientifique quotidienne pour les scientifiques, il devient spécieux ; le chercheur lambda, de fait, a peu de chances de se trouver personnellement impliqué dans l'un des épisodes critiques décrits ici (ou beaucoup de chance de ne *pas* l'être). Mais, comme nous l'avons suggéré, c'est uniquement la science controversée que le citoyen *en tant que tel* a besoin de comprendre... Un critique affirme : « Il est facile d'imaginer des décisions politiques en partie fondées sur des considérations scientifiques où la science ne suscite aucune controverse », et il donne en exemple l'effet produit sur les institutions médicales par le développement du test de dépistage de la maladie d'Huntingdon. Mais quand la science grâce à laquelle les résultats ont été obtenus ne soulève pas de controverse, pourquoi les dirigeants des institutions médicales auraient-ils à comprendre sa nature profonde ? Si le test est incontestablement valable, rien ne les empêche de prendre leurs décisions sans pour autant comprendre comment l'on s'est accordé à reconnaître la valeur du test. Ainsi, tout en remerciant nos critiques pour leurs commentaires favorables sur la portée, le caractère instructif et le style de l'ouvrage, nous persistons à affirmer que « la seule science qu'un citoyen désireux de prendre part aux processus démocratiques d'une société technicienne a besoin de connaître est la science controversée ». De ce point de vue, notre livre en donne une image exacte.

Bien qu'il soit avant tout destiné au citoyen profane, les scientifiques *en tant que tels*, comme nous l'expliquons dans le texte, ont peut-être eux aussi deux leçons à en retirer. Premièrement, le chercheur débutant, étudiant en doctorat par exemple, doit être préparé à affronter le désordre qui, comme le montrent ces pages, affecte toute expérience. Deuxièmement, il existe de nos jours chez les scientifiques qui s'adressent au grand public une tendance fâcheuse à se comparer à Dieu. La deuxième leçon consiste à comprendre que la science ressemble plus au golem qu'à la divinité.

Nous tenons à remercier notre traducteur, et Jean-Marc Lévy-Leblond qui a rendu possible la publication de ce livre en français et en a corrigé les dernières maladresses.

Université de Bath,
Université de Cornell,
16 juillet 1993

Préface et remerciements

Ce livre est destiné au lecteur non spécialiste curieux de savoir comment « fonctionne » la science et quel crédit méritent les spécialistes ; il est destiné à l'élève qui étudie les sciences au lycée ou à l'Université et à celui qui s'ouvre à l'histoire, à la philosophie et à la sociologie des sciences. En somme, il a été écrit pour le citoyen de la société technicienne et met à la portée d'un public plus large les travaux des historiens et des sociologues. Les sources utilisées dans ce livre diffèrent d'un chapitre à l'autre. Certains sont fondés sur nos propres travaux et des ouvrages d'histoire et de sociologie des sciences dont le point de vue est non rétrospectif. En pareil cas, nous nous en sommes remis à leur auteur pour nous fournir les informations complémentaires nécessaires et avons également puisé dans les matériaux d'archives. En outre, nous avons exploré le sujet de deux manières. Nous avons sélectionné, dans les sciences de la vie comme dans les sciences physiques, aussi bien des épisodes célèbres que des moments d'une science plus ordinaire et même certains que d'aucuns qualifieraient de mauvaise science. Nous l'avons fait parce que, de notre point de vue, la science est la même qu'elle soit connue de tous ou passe inaperçue, qu'elle utilise de grands moyens ou des procédés « artisanaux », qu'elle fasse date ou aboutisse à des conclusions éphémères.

Le chapitre 5 sur les ondes gravitationnelles et le chapitre 7 sur les neutrinos solaires utilisent la matière de nos propres études de terrain dans le domaine de la sociologie de la connaissance scientifique. Sauf indications contraires, les citations incluses dans ces chapitres proviennent d'entretiens que nous avons eus avec les chercheurs les plus éminents des branches concernées. Les interviews concernant la détection du rayonnement gravitationnel ont été effectuées par Collins entre 1972 et 1975. Pinch s'est quant à lui entretenu avec les spécialistes des neutrinos solaires dans la seconde moitié des années 1970. On trouvera par ailleurs des exposés plus complets de ce sujet notamment dans le livre de Collins, *Changing Order : Replication and Induction in Scientific Practice* et dans l'ouvrage de Pinch, *Confronting Nature : The Sociology of Solar-Neutrino Detection*.

Le chapitre 1, sur le transfert de la mémoire, est fondé sur la thèse de doctorat de David Travis, et ses travaux ont été complétés par Collins. Travis a pu prendre connaissance et commenter en détail des versions antérieures de ce chapitre.

Les autres chapitres mettent à profit des sources d'information moins directes. Le chapitre 3 sur la fusion froide a utilisé les travaux de Franck Close, *Too Hot to Handle : The Race for Cold Fusion*, d'Eugene Mallove, *Fire from Ice : Searching for the Truth Behind The Cold Fusion Furore*, de Thomas F. Gieryn, « The Ballad of Pons and Fleishmann : Experiment and Narrative in the (Un)Making of Cold Fusion », in Ernan McMullin (éd.) *The Social Dimension of Science*, et ses recherches sur les documents d'archives relatifs à la fusion froide.

Pour le chapitre 2, Collins a utilisé : Swenson, L. S., *The Ethereal Aether : A History of the Michelson-Morley-Miller Aether-Drift Experiments, 1830-1930*, et toute une série d'articles, notamment : « The Ether Drift Experiment and the Determination of the Absolute Motion of the Earth », de Dayton Miller (1933), « Relativity and Eclipses : The British Eclipse Expeditions of 1919 and their Predecessors », de John Earman et Clark Glymour, « The determination of Einstein's Light-deflection in the Gravitational Field of the Sun », de H. Von Kluber. Collins a en outre utilisé sa correspondance personnelle avec Klaus Hentschel. Pour le chapitre 4, Collins s'est référé à

Louis Pasteur : Free Lance of Science de René Dubos, (1930) et à l'article de John Farley et Gerald Geison « Science Politics and Spontaneous Generation in XIXe Century France : The Pasteur-Pouchet Debate » (la pagination indiquée ici est celle de la réimpression de cet article dans *The Sociology of Scientific Knowledge : A Sourcebook*, présenté par Collins). Collins a par ailleurs utilisé le *Dictionary of Scientific Biography* et consulté des écrits originaux de Pasteur et Pouchet.

Pour le chapitre 6, sur la vie sexuelle des lézards, Pinch s'est inspiré de Greg Myers, *Writing Biology : Texts in the Social Construction of Scientific Knowledge*.

La conclusion a largement fait appel au dernier chapitre de Collins, *Changing Order*, à l'article de Paul Atkins et Sarah Delamont « Mock-ups and Cock-ups : The Stage Management of Guided Discovery Instructions » et à celui de Collins et Shapin, « Experiment, Science Teaching and the New History and Sociology Science ».

Pour leur aide et leurs avis, nous remercions David Travis, Lloyd Swenson, Clark Glymour, Bruce Lewenstein, Gerry Gilson, Peter Dear, Pearce Williams, David Creews, Peter Taylor, Sheila Jasanoff, Greg Myers, Paul Atkinson, Franck Close, Eugene Mallove, Sarah Delamont et Steven Shapin. Aucun d'eux n'est à blâmer pour les erreurs que nous avons pu faire en exposant leurs travaux à notre manière.

Introduction : Le golem

La science est pour nous la grande bienfaitrice ou au contraire le mal absolu. Aux yeux de certains, elle est un croisé assiégé par les apôtres de mystiques obscurantistes tandis que d'autres individus plus sinistres encore attendent leur heure pour fonder un nouveau fascisme sur les décombres du savoir authentique. Pour d'autres, elle est l'ennemi numéro 1 : notre douce planète, notre sentiment de la justice, notre sens du beau et du poétique sont offusqués par des technocrates – incarnant l'antithèse de la culture – inféodés à des capitalistes avides de profit. A en croire les premiers, la science a permis de satisfaire à nos besoins alimentaires grâce à une agriculture efficace, elle a fait marcher les infirmes et jeté les bases d'une amitié universelle en tissant un réseau de communication planétaire ; pour les seconds, elle est la pourvoyeuse d'armes meurtrières ; à l'heure où la navette spatiale n'est plus en état de grâce, elle est celle qui fait périr une jeune institutrice dans les flammes, celle qui, trompeuse, empoisonne insidieusement nos os – Tchernobyl.

Ces deux manières de voir sont à la fois erronées et pernicieuses. La science ne ressemble ni à un preux chevalier ni à un monstre sans pitié. Qu'est-elle alors ? La science est un golem.

Le golem est cette créature de la mythologie juive que l'homme façonne avec de l'argile et de l'eau en proférant des incantations et des formules cabalistiques. Le golem est puissant et le devient chaque jour un peu plus ; il obéit aux ordres de son créateur, travaille à sa place et le protège de l'ennemi sans cesse menaçant. Mais il est maladroit et dangereux. Si ses maîtres ne le surveillent pas, il risque de les détruire par maladresse dans le déchaînement de sa force.

D'une légende à l'autre, l'idée du golem prend des connotations différentes. Dans certaines, le golem incarne le mal, mais il apparaît dans d'autres sous un jour plus bonhomme : en yiddish, dialecte né dans le ghetto de l'Europe de l'Est, le golem (prononcez « goïlem ») désigne métaphoriquement l'imbécile quelque peu encombrant qui ne connaît pas plus sa force que sa maladresse et l'étendue de son ignorance. Pour la grand-mère de Collins, il était bien utile de connaître un golem quand on avait besoin, par exemple, de travailler la terre de son jardin, mais on conseillait aux enfants de s'en tenir à l'écart. Un golem de cette espèce ferait plutôt penser à un éléphant dans un magasin de porcelaine qu'à un démon.

Ayant choisi le golem pour représenter métaphoriquement la science, il importe également de remarquer que, dans la tradition médiévale, on donnait vie à cette créature d'argile en inscrivant sur son front le mot hébreu *EMETH*, la vérité – c'est la vérité qui le met en mouvement. Mais cela ne signifie pas pour autant que le golem connaisse celle-ci – tant s'en faut.

Le propos de ce livre est d'expliquer en quoi la science ressemble au golem, de montrer qu'elle est une bonne nature, quoique un tantinet écervelée. Il ne faut pas la blâmer pour ses erreurs : ce sont les nôtres. Le golem ne peut être incriminé s'il fait au mieux ce qu'on peut attendre de lui. Mais il ne faut pas en attendre trop. Aussi puissant qu'il soit, il est le produit de notre art et de notre savoir-faire.

Ce livre n'est pas un pensum. Pour montrer ce qu'est le golem, nous allons procéder de manière tout à fait inhabituelle et dépeindre la science sans nous encombrer de questions de méthode. Nous allons simplement décrire certains épisodes de l'histoire des sciences, parfois bien connus, parfois beaucoup moins, et montrer ce qui s'est effectivement passé. Lorsque nous nous poserons des questions, à propos de la fusion froide par exemple, elles seront liées aux hommes et non à la méthodologie. Les résultats seront surprenants. Cet effet de surprise tient à ce que la science est si empêtrée dans ses analyses, dans ses mythes, ses théories, son hagiographie, son autosatisfaction, son héroïsme, dans les superstitions et les craintes qu'elle suscite et, par-dessus tout, si bien drapée dans la certitude de ceux qui ont vu les choses de près que la réalité de son élaboration n'est jamais divulguée hors d'un petit cercle d'initiés.

Vous allez apprendre deux sortes de choses. D'abord, vous connaîtrez un peu mieux la science – vous en saurez un peu plus sur la relativité, le centre du Soleil, les forces cosmiques, le cerveau des vers et des rats, la découverte des microbes, la fusion froide et la vie sexuelle des lézards – tout cela exposé de la manière la plus agréable possible. Vous en saurez ensuite beaucoup plus *sur* la science – vous apprendrez à aimer le géant maladroit pour lui-même.

Nous entrerons tout de suite dans le vif du sujet et vous dirons à la fin quels enseignements vous devriez, selon nous, en avoir tirés. L'ouvrage est formé pour l'essentiel de chapitres indépendants qui décrivent certaines facettes de la science. Chacun se suffit à lui-même et on peut les lire dans n'importe quel ordre. Le dernier chapitre peut lui aussi être lu à tout moment, mais il ne convaincra pas pleinement s'il est isolé du contexte des études de cas. Nous ne saurions dire s'il est préférable de le lire au début, à la fin ou au milieu ; le lecteur en décidera.

Nous ne nous sommes guère attachés à analyser le processus scientifique de manière explicite. Des thèmes communs à tous les chapitres se dégagent néanmoins, le plus important étant la « régression de l'expérimentateur », expliquée dans le chapitre sur la radiation gravitationnelle. Le problème des expériences est qu'elles ne mènent à rien si elles ne sont pas effectuées avec compétence, mais dans les sciences qui sont objet de controverses on n'a pas encore réussi à s'accorder sur un critère permettant d'évaluer cette compétence. Il arrive donc invariablement qu'au cours de ces querelles les scientifiques soient divisés non seulement à propos des résultats mais aussi de la qualité du travail accompli par leurs collègues. C'est là ce qui empêche les expériences de revêtir un caractère décisif et provoque la régression. Le lecteur qui souhaite approfondir la question peut se référer au livre de Collins et Pinch cité dans les Remerciements. Le fait est que, dans une société technicienne, toute la science qu'un citoyen désireux de participer au processus démocratique se doit de connaître est sujette à controverse ; elle est donc toujours soumise à la régression de l'expérimentateur.

Certains trouveront peut-être nos conclusions difficiles à avaler ; nous espérons alors que les études de cas suffiront à captiver leur intérêt. Chacune décrit un beau travail scientifique. Mais cette beauté ne tient pas au lustre que lui a conféré le philosophe ; elle a le sombre reflet du diamant brut.

1. Je mange, donc j'apprends : le transfert chimique de la mémoire

Introduction

La mémoire fascine tout le monde et la plupart d'entre nous aimeraient en avoir un peu plus. Mais nous nous serions tous volontiers passés d'apprendre par cœur un rôle dramatique ou la table de multiplication. La lente acquisition de l'expérience que l'on appelle sagesse serait en fait l'accumulation progressive de souvenirs au cours de la vie. Si seulement nous étions capables de remplir nos mémoires à volonté, nous pourrions exploiter les capacités créatrices de notre prime enfance sans avoir à prendre le temps d'accumuler les matériaux de notre savoir.

Entre la fin des années 1960 et le milieu des années 1970, il a semblé pour la première fois concevable que nous puissions un jour accumuler des souvenirs sans avoir à fournir les efforts que cela exige habituellement. C'est ce qui ressortait des expériences effectuées par James V. McConnell et plus tard Georges Ungar sur le transfert chimique de la mémoire chez les vers et les rats. Si les souvenirs sont encodés dans des molécules, il est alors théoriquement possible d'inscrire les œuvres complètes de Shakespeare dans la mémoire en croquant une pilule, d'assimiler la table de multiplication par injection intraveineuse ou de parler couramment une langue grâce à une simple implantation sous-cutanée ; l'expression « avaler le dictionnaire » ne serait plus alors purement métaphorique. McConnell et Ungar pensaient avoir démontré que les souvenirs sont emmagasinés dans des substances chimiques transférables d'un animal à un autre. Ils pensaient avoir montré qu'on pourrait extraire du cerveau d'un être vivant les substances correspondant à la mémoire et en faire profiter un autre sujet. Si le premier a été conditionné à exécuter une certaine tâche – par exemple tourner à droite ou à gauche sur un chemin pour aller chercher sa nourriture –, le second saura comment atteindre celle-ci sans avoir à subir le même conditionnement. Il aura, pour ainsi dire, « une longueur d'avance » sur celui qui n'a pas bénéficié de la substance correspondant à la mémoire.

Les vers

La première expérience réalisée par McConnell l'a été avec des planaires – espèce de vers plats – avant de passer aux rats. McConnell apprenait à ses vers à réagir à la lumière en se recroquevillant. Il les faisait nager au fond d'un baquet et les éclairait alors avec une lampe de forte puissance, puis les soumettait à un léger choc électrique qui les faisait se cambrer ou se recroqueviller. Les vers en arrivaient à associer lumière et choc électrique et, que celui-ci leur fût infligé ou non, commençaient à se recroqueviller dès que la lumière brillait au-dessus d'eux. Les vers qui réagissaient à la lumière seule étaient considérés comme « dressés ». McConnell décrit ainsi l'expérience :

> Imaginez un baquet en plastique de trente-cinq centimètres de long, de section transversale semi-circulaire, et rempli d'eau stagnante. Deux électrodes en cuivre sont fixées aux extrémités et reliées à une source d'énergie et deux ampoules électriques placées au-dessus du baquet. Un unique ver plat va et vient en rampant au fond de celui-ci et l'expérimentateur est assis en face du dispositif, l'œil rivé sur le ver, chaque main posée sur un interrupteur. Tandis que le ver progresse régulièrement en ligne droite au fond du bassin, l'expérimentateur allume les ampoules pendant trois secondes. Après que la lumière eut

> brillé pendant deux ou trois secondes, il produit en outre un choc électrique d'une seconde qui traverse l'eau et fait se contracter le ver. L'expérimentateur note comment se comporte celui-ci pendant les deux premières secondes de lumière et avant que le choc électrique ait été envoyé. Si l'animal se recroqueville ou se contracte avant le choc, sa réaction est jugée « satisfaisante », le « conditionnement » est réussi. (McConnell, 1962, p. 42.)

Les choses paraissent ainsi assez limpides, mais il est nécessaire de tout reprendre en détail depuis le début. Les planaires se recroquevillent et tournent la tête de temps en temps même quand on les laisse tranquilles. Ils se recroquevillent également en réaction à de nombreux stimuli, à la lumière notamment. Pour les dresser, McConnell doit d'abord déterminer à partir de quelle intensité lumineuse les vers commencent à être sensibles, sans pour autant se recroqueviller en l'absence de choc électrique. Du fait que leur comportement varie en fonction du moment et d'un ver à l'autre, la réponse à cette question revêt immanquablement un caractère statistique et ne peut consister en un *oui* ou un *non* catégorique. Plus gênant encore, l'efficacité du dressage par choc électrique exige que le ver ne se soit pas déjà recroquevillé au moment où le choc est produit. Un ver qui l'est déjà a épuisé ses possibilités de réaction à la lumière et au choc, et n'est donc plus sensible à l'augmentation d'intensité des stimuli qu'il reçoit. Il en ressort donc que pour dresser des vers convenablement, il est nécessaire de les observer avec une grande attention et de ne leur envoyer les stimuli que lorsqu'ils nagent tranquillement. Tous ces aspects de leur dressage exigent une bonne dose d'habileté – habileté que McConnell et ses assistants ont acquise au fil du temps. Ainsi, au début de ses expériences dans les années 1950, celui-ci découvrit que s'il dressait les vers avec 150 séquences lumière-choc, 45 % d'entre eux réagissaient ensuite à la lumière seule. Dans les années 1960, époque à laquelle lui et ses associés avaient acquis une pratique considérable, le pourcentage passait à 90 pour un même nombre de séquences.

Je mange, donc j'apprends :

Dans les années 1950, McConnell essaya de couper en deux des vers soumis au dressage. Les planaires ont la faculté de se régénérer en un ver entier à partir de n'importe laquelle de leurs moitiés. McConnell se demandait si les vers régénérés à partir de la moitié antérieure, contenant le cerveau présumé, conservaient l'acquis du dressage. C'était bien le cas, mais la réelle surprise fut que les vers régénérés à partir de la moitié sans cerveau faisaient au moins aussi bien, si ce n'est mieux. Cela laissait à penser que le dressage était en quelque sorte réparti à travers tout le ver et non pas localisé dans le cerveau. On supposa donc que l'acquis était emmagasiné chimiquement.

McConnell essaya de transmettre le conditionnement en greffant des morceaux de vers dressés sur des vers non dressés, mais ces expériences ne donnèrent que de maigres résultats. Certains planaires sont cannibales. McConnell essaya donc de donner à manger de menus morceaux de vers dressés à leurs frères et sœurs « naïfs » [c'est-à-dire non dressés], et constata qu'après une telle ingestion ils réagissaient à la lumière seule avec une fréquence une fois et demie supérieure à la normale. Ces expériences furent publiées en 1962. La perspective d'un possible *transfert* chimique de la mémoire était alors devenue leur raison d'être.

Polémique autour des expériences réalisées avec les vers

Transplantation contre transfert chimique

La thèse selon laquelle le conditionnement, autrement dit la mémoire, pourrait être transféré par des moyens chimiques donna lieu à une âpre controverse. L'un des arguments qui lui étaient opposés consistait à admettre que le conditionnement avait bel et bien été transféré d'un ver à l'autre mais que cela ne signifiait pas grand-chose. Le planaire possède un système digestif tout à fait différent de celui des mammifères : il ne réduit pas les aliments en composants chimiques de petite dimension, mais incorpore directement à l'organisme des composants de matière ingérée de grande taille. On peut presque dire qu'au lieu d'absorber la substance contenant la mémoire, les vers « naïfs » ont reçu des « implants » de vers conditionnés – morceaux de cerveau ou de toute autre espèce de structure porteuse de mémoire. Ce serait intéressant mais n'impliquerait pas pour autant que la mémoire est un phénomène chimique, et, en tout cas, n'aiderait en rien à comprendre son mécanisme chez les mammifères. McConnell répondit à cette critique en concentrant ses efforts sur ce qu'il croyait être la substance caractéristique de la mémoire. Il injecta par la suite à des vers « naïfs » de l'ARN prélevé sur des sujets « dressés », avec, selon lui, d'excellents résultats.

Sensibilisation contre dressage

Une autre critique reposait sur un argument beaucoup plus simple : les vers seraient trop primitifs pour être dressés. McConnell s'était trompé en croyant les avoir conditionnés à réagir à la lumière, alors qu'il avait simplement augmenté leur sensibilité à tous les stimuli. Si quelque chose était transmis d'un ver à l'autre, c'était une substance sensibilisante et non une matière véhiculant un souvenir particulier.

Il est difficile de s'opposer à cet argument, car tout processus de conditionnement est de nature à exacerber la sensibilité. Le dressage s'opère grâce à l'exposition « couplée » à la lumière et au choc électrique. Une des façons de réfuter l'hypothèse de la sensibilisation est de soumettre les vers au même nombre de chocs et d'éclairs lumineux, mais dans le désordre. Si la sensibilisation est le principal effet produit, les vers soumis à cette séquence désordonnée de stimuli devront se recroqueviller en réaction à la lumière seule aussi souvent que leurs congénères exposés aux stimuli régulièrement « couplés ». Si en revanche le dressage prend le pas sur la sensibilisation, les vers dressés donneront de meilleurs résultats.

Une fois encore, tout cela paraît fort simple. De fait, McConnell et les autres « dompteurs de vers » constataient une différence significative entre vers *dressés* et vers *sensibilisés*, mais il est difficile d'obtenir toujours les mêmes effets, car l'efficacité du conditionnement tient pour beaucoup à l'*expérience pratique* de l'expérimentateur. Comme nous l'avons expliqué plus haut, pour réussir le dressage, il est nécessaire d'observer les vers attentivement et d'apprendre à reconnaître le moment où ils sont assez calmes pour que le choc produise un effet significatif. Des expérimentateurs différents peuvent retirer des résultats très éloignés de leurs tentatives de dressage, quand bien même ils s'efforcent de respecter scrupuleusement la procédure expérimentale.

Pour le critique, affirmer que les mauvais résultats sont dus au manque de savoir-faire de l'expérimentateur – et notamment à son inaptitude à comprendre le comportement des vers – ressemble fort à une échappatoire. Prétendre que seuls certains spécialistes sont à même d'obtenir des résultats est un argument parfaitement antiscientifique. Faire appel à un argument de ce genre – ce qu'on pourrait appeler l'argument des « mains d'or » – est de prime abord l'indice, aux yeux des critiques, que quelque chose ne colle pas. Et les exemples ne manquent pas dans l'histoire de la science où de soi-disant experts se sont révélés être des fraudeurs. L'habileté particulière de certains expérimentateurs est cependant largement reconnue – ceux qui, dans un labo, sont capables d'effectuer un prélèvement ou une mesure délicate avec succès. Dans le domaine de la pharmacologie, par exemple, on pratique couramment le « biodosage » grâce auquel la présence et la quantité d'un médicament sont révélées par ses effets sur la matière vivante ou des organismes entiers. En un sens, mesurer les effets de divers extraits de matière cérébrale sur des vers et des rats peut être considéré en soi comme un biodosage plutôt que comme une expérience de transfert. Pourtant, on estime en général que le biodosage est en pratique une technique difficile à « transmettre » d'une équipe de chercheurs à l'autre, du fait qu'elle requiert beaucoup de savoir-faire et d'expérience. Il est donc bien malaisé de faire la part de la compétence et des arguments de circonstance, surtout dans ce domaine. Et l'imputation de malhonnêteté n'est certes pas toujours fondée.

C'est pour des raisons de ce genre que le débat entre McConnell et ses critiques a traîné en longueur, atteignant son point culminant en 1964 avec la publication d'un supplément à la revue *Animal Behaviour* consacré à leur controverse. Il était alors difficile de dire qui l'emportait, mais il était clair que l'exigence, mise en avant par McConnell, d'un savoir-faire indispensable pour mener à bien un dressage paraissait un peu mieux justifiée.

Variables ambivalentes et reproduction des expériences

On pouvait estimer que la sensibilisation était une variable prêtant à confusion, et les critiques en proposèrent d'autres. Ainsi, tout en rampant, les planaires produisent une bave. Les vers qui montrent des signes de nervosité préfèrent nager dans les zones où leurs congénères ont déjà déposé de la bave. Un ver non dressé cheminant sur un chemin à deux voies préférera spontanément celle qui a été le plus fortement marquée par la bave des vers passés là avant lui. Si le chemin a servi au dressage, la voie le plus souvent empruntée par les vers en cours de conditionnement aura sa préférence. Les vers non dressés pourraient donc préférer suivre leurs congénères non pas à cause du transfert d'une substance quelconque, mais des empreintes baveuses qu'ils laissent sur leur passage. Même pour un ver considéré isolément, il pourrait se faire que sa préférence pour l'une des deux voies soit due à l'existence de la piste baveuse qu'il y a lui-même tracée auparavant plutôt qu'à un réflexe conditionné.

Cela dit, il existe un certain nombre de parades. On peut, par exemple, nettoyer les baquets entre deux expériences, quoiqu'on ne puisse jamais savoir s'ils l'ont été suffisamment, ou bien utiliser à chaque fois des baquets neufs. Un critique découvrit que dans des baquets parfaitement nettoyés, il est impossible de mettre en évidence le processus de conditionnement, mais, à la suite de nouvelles recherches, McConnell affirma que les vers ne pouvaient être convenablement dressés dans un milieu propre. Les vers, indiquait-il, sont mal à l'aise dans un milieu devenu peu familier parce que débarrassé de sa bave ; une hygiène trop rigoureuse empêche le bon déroulement de l'expérience. On imaginera sans mal quelle pouvait être la matière des arguments échangés entre McConnell et ses critiques quant aux effets de la production de bave…

Cette difficulté fut par la suite surmontée, à la satisfaction de McConnell en tout cas, en faisant au préalable couvrir de bave le site de dressage par des vers « naïfs » extérieurs à l'expérience. Les sujets de l'expérience se sentaient donc à l'aise dans leurs baquets sans qu'aucun comportement particulier n'ait été pour autant suscité.

Ces discussions prennent toujours du temps et, de toute façon, leurs conclusions ne sont pas toujours évidentes aux yeux de tous. C'est pourquoi les controverses traînent tant en longueur, bien que la logique de l'expérience paraisse simple et sans faille. Souvenons-nous également que chaque expérience exige un grand nombre de tentatives et une analyse statistique. Les résultats sont en général limités et on ne sait même jamais exactement ce que l'on a réussi à prouver.

Le fait que les résultats obtenus par McConnell puissent être reproduits par d'autres, ou soient jugés reproductibles, dépendait d'un accord sur le choix des variables importantes de l'expérience. Nous avons déjà parlé de la nécessité – aux yeux de McConnell – de comprendre et de manipuler avec expertise le comportement des vers. Dans son laboratoire, les « dompteurs de vers » étaient guidés dans leur apprentissage par un chercheur confirmé et expérimentaient ensuite pendant de longues semaines. Il leur fallait apprendre à ne pas « soumettre les vers à trop rude épreuve ». Selon McConnell,

> [il est nécessaire de] les traiter avec tendresse, pour ne pas dire avec amour… Il paraît certain que les différences de résultats obtenus d'un laboratoire à l'autre sont dues, au moins en partie,

> aux différences de personnalité des chercheurs et à leur expérience pratique plus ou moins grande (McConnell, 1965, 16).

Comme nous l'avons dit, du point de vue des critiques, c'était là une *échappatoire* invoquée par McConnell pour expliquer la difficulté évidente qu'il y avait à reproduire ses expériences. Les effets de la sécrétion de bave était une des autres variables citées, à des fins différentes, tant par les défenseurs que par les critiques de ses travaux.

On commence à réaliser que toute controverse scientifique multiplie les variables qui influent sur les expériences. Aux yeux des défenseurs, le nombre des raisons pour lesquelles le chercheur inexpérimenté risque de rencontrer des difficultés au cours de ses travaux augmente d'autant, alors que pour les adversaires, si quelque chose se multiplie, ce sont les excuses susceptibles d'être invoquées lorsque d'autres ne parviennent pas à obtenir les résultats espérés.

Dans le cas des expériences sur les vers, on a invoqué jusqu'à soixante-dix variables pour expliquer les écarts entre les résultats obtenus. Citons par exemple : l'espèce à laquelle appartenaient les vers et leur taille ; la nature de l'habitat qui leur était ménagé hors des séances de dressage (était-il bien éclairé ou sombre ?) ; leur nourriture ; la fréquence des dressages ; la température et la composition chimique de l'eau ; la puissance et la couleur de la lampe utilisée, la durée de l'éclairage ; la nature du choc électrique (la forme de l'impulsion, sa puissance, sa polarité, etc.) ; l'horaire des repas servis aux vers ; l'époque de l'année et l'heure à laquelle les vers subissent le dressage. On a même invoqué la pression atmosphérique, la phase de la Lune et l'orientation du baquet par rapport au champ magnétique terrestre. Cela élargissait considérablement le terrain sur lequel pouvaient être soulevées objections et contre-objections – savoir-faire contre arguments *ad hoc*. Plus augmente le nombre de variables possibles, plus il est difficile de dire si une expérience a bien été réalisée dans les mêmes conditions qu'une autre.

La Gazette du dompteur de vers

McConnell n'était pas un chercheur ordinaire. Si l'on est prêt à croire aux découvertes d'un chercheur, c'est aussi en fonction de l'image qu'il donne de ses travaux. McConnell ne correspondait pas à l'idée que l'on se fait habituellement du scientifique, ce qui n'était pas pour le servir. L'une de ses excentricités fut de fonder en 1959 une revue intitulée *La Gazette du dompteur de vers (The Worms Runner's Digest)*. Il prétendait que c'était pour lui le moyen de répondre à l'avalanche de courrier que lui valaient ses premiers travaux sur les vers, mais la *Gazette* contenait aussi des dessins humoristiques et lançait des canulars en annonçant de fausses nouvelles scientifiques.

Paradoxalement, l'apparente facilité de ses expériences présentait un inconvénient. Elle avait pour résultat d'encourager de nombreux expérimentateurs et même des lycéens à les tenter de leur côté. C'était ces étudiants qui accablaient McConnell de demandes d'explications. Il y répondit par une lettre d'information qui devint bientôt *La Gazette du dompteur de vers*.

Ce n'est pas pour un chercheur une satisfaction sans mélange que de voir des lycéens répéter ses expériences, car cela leur enlève de leur sérieux. Et, ce qui est pire, il devient alors plus difficile encore que de coutume de faire la part entre le travail scientifique authentique et qualifié et la besogne bâclée ou maladroite. Si l'on veut voir ses travaux pris au sérieux, publier une feuille de chou humoristique n'est certainement pas la bonne tactique.

En 1967, la revue se sépara en deux parties publiées dos à dos, la seconde étant rebaptisée *Le Journal de psychologie biologique (The Journal of Biological Psychology)*. La conception de ce dernier était plus conventionnelle et chacun de ses articles était soumis à l'approbation de spécialistes. L'idée était de rassembler tous les travaux sérieux dans la deuxième partie, tandis que toute la matière de la lettre d'information humoristique occupait la *Gazette*. (L'analogie entre la nouvelle forme de la revue et les moitiés antérieure et postérieure des vers, toutes deux capables de régénération, n'avait pas échappé à McConnell et autres auteurs. Laquelle des deux contenait la matière grise ?) Aussi sérieux qu'il fût, *Le Journal de psychologie biologique* n'atteignit jamais à l'entière respectabilité d'une revue scientifique traditionnelle. Comment y serait-il parvenu ainsi flanqué de *La Gazette du dompteur de vers* qui, à chaque numéro, offrait sa couverture frivole aux yeux de l'*establishment* scientifique ?

Du fait qu'une bonne partie des résultats obtenus par McConnell étaient publiés dans *Le Journal de psychologie biologique* et *La Gazette du dompteur de vers*, les scientifiques ne savaient trop quel accueil leur réserver. Autrement dit, un critique déterminé à ne pas prendre les travaux de McConnell au sérieux avait une bonne excuse pour ignorer ses conclusions si elles étaient uniquement publiées dans sa propre revue, dont la valeur scientifique n'était rien moins que reconnue. Dans la course à la reconnaissance scientifique, la présentation des découvertes est tout aussi importante que leur matière. La communauté des savants a son cérémonial et ses traditions héraldiques particulières. Les symboles diffèrent peut-être – la chevelure en bataille d'Albert Einstein et l'accent de Brooklyn de Richard Feynman remplacent les lions rampants et les licornes de sinople –, mais la démarcation entre la correction et l'excentricité scientifique est nette, même si elle n'est visible qu'aux initiés. Une bonne partie de ce que faisait McConnell tombait en porte-à-faux – du mauvais côté de la frontière.

La fin de la controverse sur les vers

Vers le milieu des années 1960, alors qu'à défaut de démontrer le phénomène de transfert McConnell commençait à faire admettre que les vers pouvaient être « dressés », les enjeux avaient changé au point de faire apparaître insignifiants certains des arguments tout d'abord évoqués. Cela résultait des expériences qui permettaient de croire que le phénomène du transfert pouvait aussi être produit chez les mammifères.

Certains des critiques les plus radicaux de McConnell avaient soutenu que les planaires étaient incapables d'apprendre quoi que ce soit, d'autres que leur aptitude à apprendre n'avait pas été pleinement prouvée. On peut être certain que l'importance revêtue par le phénomène de transfert avait motivé ces attaques. La possibilité du transfert chez les rats et les souris ayant été apparemment démontrée, les objections soulevées par la capacité d'apprentissage des planaires n'avaient plus de raison d'être. Les rats et les souris sont des familiers des laboratoires. Il est incontestable qu'ils sont capables d'apprendre et qu'ils le font uniquement si l'on s'y prend avec soin. Les techniciens qui effectuent des expériences avec les rats dans les laboratoires de psychologie et de biologie doivent avoir, on le sait, une solide expérience. Si l'on considère les expériences sur les vers à la lumière de celles, plus récentes, sur les rats, il ne paraît pas du tout déraisonnable d'affirmer qu'il faut traiter les vers de manière spécifique et qu'ils sont capables d'apprendre. Les partisans de McConnell insistaient là-dessus, comme on le voit dans ce passage :

> N'est-il pas paradoxal que, s'agissant des rats, nous les manipulions de manière bien spécifiée, que nous effectuions leur dressage dans des cellules insonorisées, précisions de quelle lignée ils proviennent ainsi qu'un grand nombre de facteurs qui, considérés dans leur ensemble, aboutissent à un résultat que nous appelons dressage, et que, d'un autre côté, nous attendions des planaires qu'ils se comportent comme des rats dressés, alors que nous les fourrons dans un baquet, où ils reçoivent des stimuli « conditionnants » aussi bien que d'autres qui ne le sont pas (Corning et Riccio, 1970, 129).

Mais de tels « cris du cœur » ne peuvent être entendus par la majorité des chercheurs que sur le tard. S'ils étaient devenus acceptables, c'est que plus personne ne s'y intéressait vraiment et que l'attention était captivée par la question beaucoup plus excitante du transfert de comportement entre mammifères. Celui-ci remettait en cause de manière beaucoup plus radicale les idées reçues en matière de mémoire.

Les mammifères

Premières expériences

Quatre équipes indépendantes de chercheurs prétendirent avoir été les premières à prouver la réalité du transfert de mémoire entre mammifères. C'étaient celles dirigées par (dans l'ordre alphabétique) Fjerdingstad, Jacobson, Reinis et Ungar. Tous leurs travaux ont été réalisés autour de 1964 et publiés en 1965.

Fjerdingstad plaçait les rats dans des cellules comportant un chemin à deux voies, dont l'une était éclairée et l'autre plongée dans l'obscurité à intervalles irréguliers. Les rats étaient privés d'eau pendant vingt-quatre heures, mais ils en recevaient néanmoins quelques gouttes s'ils s'engageaient dans la voie éclairée. L'injection d'extraits de matière cérébrale prélevée sur des rats dressés à des rats « naïfs » avait pour résultat de faire préférer à ces derniers le chemin où leurs congénères soumis au conditionnement avaient pu étancher leur soif.

Jacobson avait pour sa part appris à des rats affamés à associer le bruit d'un cliquet à l'octroi de nourriture. Cette capacité d'association pouvait, selon lui, être transférée par injection à des rats non dressés.

Reinis apprenait aux rats à prendre leur nourriture dans un distributeur au moment où ils étaient soumis à un certain stimulus « conditionnant » – lumière ou sonnerie. Ce comportement pouvait, semble-t-il, être lui aussi transféré par injection.

Le laboratoire de McConnell entreprit également des expériences sur les rats au milieu des années 1960, mais, finalement, ce fut George Ungar qui effectua les travaux les plus importants dans ce domaine. Il commença par montrer que la tolérance à la morphine était transférable. Plus un animal s'accoutume à une drogue, plus fortes sont les doses nécessaires à provoquer chez lui un comportement donné. C'est ce que l'on appelle la « tolérance » à la drogue. Ungar broya la matière cérébrale de cinquante rats devenus tolérants à la morphine et en injecta des extraits à d'autres non encore accoutumés à la drogue. Le résultat, publié en 1965, semblait établir que la tolérance était transférable. La question reste posée de savoir si cela peut être considéré comme un transfert d'*apprentissage*. Comme nous l'avons expliqué plus haut, on pouvait considérer qu'Ungar s'était livré à un dosage biologique compliqué plutôt qu'à une expérience de transfert d'apprentissage. Toute l'importance de cette question apparaîtra plus clairement le moment venu.

Ungar tenta ensuite de transférer l'« accoutumance ». Il faisait entendre aux rats le son d'une forte cloche jusqu'à ce qu'ils y soient habitués et que ce bruit ne les fasse plus tressaillir. Il apparut que l'accoutumance pouvait elle aussi être, semble-t-il, transférée par injection d'extraits de matière cérébrale. A noter qu'Ungar transférait l'accoutumance non pas entre rats mais de rats à souris.

Premières réactions

Il vaut la peine d'apprécier la tonalité des premières réactions des milieux scientifiques à ces expériences peu orthodoxes. Celles dont nous avons parlé datent de 1966 et ont donc immédiatement suivi la publication des résultats des premières expériences pratiquées sur les rats. La vivacité de ces réactions s'explique probablement par le fait qu'on les associait aux expériences antérieures sur les vers.

L'un des chercheurs a raconté que, après qu'il eut décrit ses travaux, les gens « se détournèrent de lui », au bar. D'autres eurent affaire à des réactions semblables à la suite de conférences :

> [...] ces réunions nocturnes en petit comité faisaient remonter à la surface toute la défiance profonde que, pour des raisons que j'ai du mal à comprendre et à analyser, certaines personnes ressentaient pour l'idée même de ces expériences. C'était encore plus évident après quelques verres.
>
> J'étais abasourdi. La réaction fut vraiment [...] haineuse est peut-être un mot trop fort, mais en tout cas hostile [...]. Il me fallut un bon moment avant de réaliser que je m'étais avancé sur un territoire tabou. C'était des « Pourquoi avez-vous fait ça ? », « Pourquoi faire une chose pareille ? » [...]. Tous tiraient sur moi à boulets rouges.
>
> [...] C'était en ces occasions où l'on voit, entassés dans une pièce enfumée, tous les chercheurs qui formaient l'avant-garde de la spécialité s'efforcer de trouver la vérité... Je m'en souviens fort bien, car à la fin de la soirée ceux qui avaient obtenu des résultats probants accusaient ceux qui n'en avaient pas obtenus d'être totalement incompétents et de ne pas savoir mener une expérience ; et ceux qui avaient eu des résultats négatifs reprochaient aux premiers d'avoir triché, d'avoir tripatouillé les données.

Les principaux travaux d'Ungar

Les travaux les plus connus d'Ungar débutèrent en 1967. Dans ces expériences, les rats devaient choisir d'entrer soit dans une cellule éclairée, soit dans une autre plongée dans l'obscurité. Leur préférence allait naturellement à la cellule sombre, mais quand ils y entraient ils se trouvaient enfermés et recevaient une décharge électrique de cinq secondes transmise par le grillage métallique qui en constituait le fond. Les rats apprenaient très vite à éviter la cellule sombre, mais Ungar les soumettait néanmoins à cinq séances par jour pendant une semaine afin de s'assurer qu'une bonne dose de la substance chimique caractéristique de la « peur du noir » était produite dans le cerveau des rats.

Après les avoir dressés, il les tuait et préparait un extrait à partir de leur matière cérébrale. Il l'injectait à des souris qu'il soumettait à la même expérience. En mesurant le rapport des temps passés dans chacune des deux cellules au cours d'un test de trois minutes, il était possible de dire si les souris auxquelles on avait injecté l'extrait de matière cérébrale des rats dressés étaient plus enclines à éviter la cellule sombre que celles auxquelles on avait injecté un extrait de matière cérébrale de rats normaux.

La reproduction des expériences chez les mammifères

Comme nous l'avons dit, tous ces travaux sur les mammifères furent violemment critiqués et on s'efforça tant de les confirmer que de les infirmer. D'après l'analyse grossière (et contestée) des comptes rendus expérimentaux publiés entre 1965 et 1975 effectuée par Ungar, l'expérience avait été répétée 105 fois avec succès contre vingt-trois fois avec un résultat négatif, selon la distribution suivante :

Analyse par Ungar des expériences de transfert chez les mammifères, 1965-1975

Résultats	*1965*	*1966*	*1967*	*1968*	*1969*	*1970*	*1971*	*1972*	*1973*	*1974*	*1975*
positifs	13	13	13	16	23	17	27	13	23	17	8
négatifs	1	6	4	5	1	3	1	1	–	–	1

C'est le moment de mettre en relief un trait caractéristique de la science qui est souvent mal compris. En général, le nombre et la portée des vérifications effectuées ne suffisent pas, à eux seuls, à faire accepter certains résultats hétérodoxes par la communauté scientifique. Ainsi, dans le cas présent, un seul résultat négatif obtenu par un certain nombre de chercheurs influents pesait bien plus lourd que tous les tests réussis par Ungar. Il faut que les chercheurs aient de bonnes raisons pour accepter les résultats d'une expérience – ce qui est tout à fait justifié, comme nous le montrons tout au long de ce livre, compte tenu des compétences exigées. La communauté scientifique est d'autant plus pointilleuse qu'une expérience donne des résultats inhabituels ; au départ rien, semble-t-il, ne plaide en sa faveur. Là encore, la réputation du chercheur et la respectabilité de l'institution à laquelle il appartient font partie des considérations sur lesquelles on se fonde avant de décider si tel ou tel résultat expérimental doit être ou non accepté. Tout cela milite, bien entendu, contre ce qui n'est pas orthodoxe. Les chiffres d'Ungar montrent bien que la reproduction des expériences, comme les conclusions qu'en tirent les chercheurs, sont des questions complexes.

Naturellement, les résultats contradictoires étaient justifiés par des arguments opposés quant à la compétence et à l'habileté des expérimentateurs. Essayons de nous faire une idée de ces problèmes en les illustrant par le débat qui a opposé Ungar aux chercheurs de l'université de Stanford.

La querelle Ungar-Stanford

Les chercheurs de Stanford essayèrent de reproduire aussi fidèlement que possible les expériences d'Ungar. On avait l'impression que dans celle-ci :

> Un matériau peptidique avait d'évidence été isolé. Si ce matériau – quels qu'en soient la structure et l'état de pureté exacts – permet véritablement de transférer un comportement appris particulier à des animaux qui, eux, ne l'ont pas appris, cette découverte est parmi les plus importantes de la biologie moderne (Goldstein, 1973, 60).

En l'occurrence, les gens de Stanford obtinrent des résultats négatifs. Cela amena inévitablement Ungar à faire ressortir les différences mineures qui séparaient leurs expériences des siennes et étaient susceptibles d'expliquer cet échec. Dans ce qui va suivre, nous constatons donc tout d'abord qu'au fur et à mesure que les chercheurs de Stanford s'efforçaient de reproduire à la lettre les expériences d'Ungar, les deux séries tendaient à se rapprocher de plus en plus et que les expériences d'Ungar furent de nouveau contestées à la suite de la publication des résultats négatifs de Stanford.

Le leader du groupe de Stanford, Avram Goldstein, passa d'abord trois jours dans le laboratoire d'Ungar pour être certain de respecter scrupuleusement la procédure prescrite. Dans un article de 1971, le travail qu'il accomplit ensuite avec ses collègues était décrit ainsi :

> Dans les trois mois qui ont suivi, nous avons abouti dix-huit fois à des échecs avec 125 rats donneurs et 383 souris réceptrices. Nous avons fait ensuite un test aveugle sur nos souris en utilisant les extraits d'un donneur de contrôle préalablement dressé fournis par le Dr Ungar. Nous avons enfin expédié nos souris à Houston pour qu'elles soient testées comme réceptrices en même temps que des souris locales. A partir de toutes ces expériences, nous avons finalement sélectionné les souris (des deux sexes) qui semblaient éviter la cellule noire plus fréquemment après qu'on leur eut injecté les extraits. On les a fait se reproduire et leurs petits ont été testés comme récepteurs. Notre intention était de rechercher chez nos sujets une capacité réceptrice gouvernée par la génétique. Les résultats de ces expériences se sont révélés négatifs (Goldstein, Sheehan et Goldstein, 1971, p. 126.)

Le travail en collaboration avec les laboratoires d'Ungar devait permettre d'éliminer toutes les différences qui pouvaient persister entre les procédures suivies par Stanford et par Ungar. Comme le même article le montre clairement, ceux de Stanford faisaient de leur mieux dans un esprit impartial :

> Nous ne pouvions écarter la possibilité de transférer un comportement acquis au moyen d'extraits de matière cérébrale pour la seule raison que les mécanismes proposés paraissaient fantaisistes, et ce d'autant plus que plusieurs laboratoires avaient depuis confirmé les résultats (Goldstein *et al.*, 1971, p. 129).

Après leur échec, le ton du débat changea. Le groupe de Stanford laissa entendre que ses tests « assez exhaustifs » montraient qu'il convenait de mieux spécifier les conditions nécessaires à la réussite du transfert.

> Les chercheurs pourraient-ils décrire avec précision les conditions nécessaires pour mener l'expérience à bien, avec assez de détails pour que les scientifiques compétents puissent reproduire ailleurs leurs résultats ? S'ils n'étaient pas confirmés par les expériences publiées par d'autres, nos échecs répétés pourraient être imputés à notre maladresse et à notre incompétence. (Goldstein, 1973, p. 61).

Les différences entre les deux procédures expérimentales commençaient à être perçues. A propos de l'interprétation d'un des aspects des résultats qu'ils avaient obtenus, Goldstein et son équipe faisaient remarquer :

> Parce que nous n'avons pu souscrire à l'interprétation que le Dr Ungar donne de ces résultats, nous ne les exposons pas ici, mais il les publiera certainement de son côté (Goldstein *et al.*, 1971, p. 129).

A quoi Ungar répondait :

> Certains des paramètres les plus importants ont été arbitrairement modifiés. [Goldstein] ne peut prétendre l'avoir fait dans l'ignorance de nos procédures (Ungar, 1973, p. 312).

L'équipe de Stanford avait « éliminé une des trois cellules de notre dispositif expérimental, affirmait-il en outre, elle n'avait soumis certains des donneurs au dressage qu'une seule fois au lieu de cinq et utilisé une variété de souris différente » (Ungar, 1973, p. 309).

Ungar contestait également la manière dont l'équipe de Stanford avait mesuré la propension des souris à éviter l'obscurité. Au lieu de parler du temps que les rats passaient dans la cellule sombre, ils avaient mesuré le « temps de latence », autrement dit le temps que la souris passait dans l'enceinte expérimentale elle-même avant d'entrer *pour la première fois* dans la cellule sombre. Goldstein affirmait avoir remarqué qu'Ungar enregistrait lui aussi ces temps de latence, tout en ne mentionnant dans ses résultats que le temps passé dans la cellule sombre.

> Je trouvais cela curieux, car si les injections aboutissaient effectivement à ce que les souris évitent l'obscurité, le temps de latence aurait dû être plus long. C'est d'une logique évidente. De fait, la latence est le critère ordinaire et reconnu qu'emploient les spécialistes de la psychologie expérimentale pour mesurer ce genre de phénomènes comportementaux. Et cependant Ungar n'y a jamais eu recours (Goldstein, 1973, p. 61).

Sur quoi Ungar répliquait :

> Dans ses derniers commentaires, il tente de justifier l'un de ces changements : le recours au temps de latence – et non au temps passé cumulé dans la cellule sombre – comme mesure de la propension à éviter l'obscurité. Nous avons prouvé empiriquement, et lui avons montré, qu'un certain nombre de souris se précipitent dans l'obscurité mais en ressortent immédiatement et passent le reste du temps à la lumière. La latence risque donc de donner des résultats erronés (Ungar, 1973, p. 312).

Voilà quelle était cependant l'opinion de Goldstein :

> Le temps passé dans la cellule sombre serait probablement significatif pour d'autres effets comportementaux. Une souris réceptrice qui se déplace sans cesse parce qu'elle est hyperactive sera plus encline à sortir de la boîte sombre qu'un animal apathique (Goldstein, 1973, p. 61).

Comme on le voit, les avis d'Ungar et de Goldstein divergeaient sur les questions de savoir si la procédure avait été décrite avec assez de précision, si certaines différences entre l'expérience originale et sa reproduction étaient significatives et quel critère devait être utilisé pour mesurer la peur de l'obscurité. Ungar estimait que les procédures adoptées par Goldstein s'écartaient manifestement et significativement des siennes.

Stratégies concurrentes

Si la technique de transfert de mémoire revêtait tant d'importance aux yeux des psychologues, c'est parce qu'elle représentait un outil de « dissection » de la mémoire. Beaucoup d'entre eux espéraient avant tout que cette technique leur permettrait d'isoler certains aspects de l'apprentissage. La nature chimique précise des substances qui véhiculaient la mémoire était pour eux d'une importance secondaire. McConnell faisait ainsi remarquer en plaisantant que ce matériau actif aurait pu aussi bien être du cirage à chaussures sans que cela le dérange.

McConnell et d'autres spécialistes de la psychologie comportementale cherchaient à découvrir si d'autres formes de comportement liées à la mémoire pouvaient être transférées chimiquement d'un mammifère à l'autre. La peur de l'obscurité pouvait être en effet considérée comme une disposition générale de l'individu et non comme un comportement spécifique objet d'apprentissage.

L'argument de la *spécificité* est à mettre en parallèle avec le débat sur la sensibilisation qu'avaient soulevé les expériences sur les vers, mais il revêt une importance plus grande encore dans le cas des mammifères. Le plus excitant eût été de découvrir le lien entre certaines molécules et des souvenirs particuliers ou des comportements appris. Beaucoup avaient du mal à en accepter l'idée. Il était beaucoup plus facile d'admettre que les molécules avaient un effet non spécifique sur le comportement, variable en fonction des circonstances. Supposons, par exemple, qu'au lieu de transmettre à l'animal un souvenir particulier, la molécule spécifique de la mémoire affecte l'ensemble de son comportement. En ce cas, placer l'animal non dressé auquel on a injecté cette substance dans les conditions qu'avait connues son congénère défunt au cours de son dressage – disons, l'obligation de faire un choix entre lumière et obscurité – devrait avoir pour résultat de susciter la réaction provoquée au cours du dressage : choisir la lumière. Dans d'autres conditions, l'effet pourrait cependant être tout à fait différent ; si, par exemple, on donne à l'animal qui a reçu l'injection le choix entre une cellule rose et une cellule bleue, il peut se faire qu'il se morde la queue. Si le transfert se résumait à cela, la pilule permettant d'assimiler d'un seul coup les œuvres complètes de Shakespeare n'était plus qu'un rêve.

McConnell voulait déterminer si ce que les psychologues considèrent comme un apprentissage complexe pouvait être transféré. Le désir de prouver que quelque chose comme l'œuvre de Shakespeare pouvait se présenter sous forme chimique était, semble-t-il, ce qui poussait McConnell à persévérer.

Pour montrer que cet apprentissage d'un niveau supérieur était possible, McConnell et d'autres expérimentateurs entreprirent de dresser les rats à accomplir des exercices plus complexes – choisir, par exemple, d'emprunter la voie de gauche ou de droite pour aller chercher leur nourriture. Ces expériences furent effectuées à la fin des années 1960. Ce type de connaissance acquise impliquant un choix était apparemment transférable entre rats aussi bien qu'entre d'autres animaux tels que les chats, les poissons rouges, les cafards et les mantes religieuses. Jusqu'à un certain point, le transfert entre espèces était également possible.

Contrairement à McConnell, Ungar était pharmacologiste de formation et s'intéressait beaucoup plus à la « stratégie biochimique ». Autrement dit, il voulait isoler, analyser et synthétiser les molécules actives. Pour Ungar, l'essentiel était de découvrir un phénomène de transfert reproductible et d'étudier la substance chimique qui en était le support, que le comportement transféré fût ou non d'une complexité supérieure. Concentrant ses efforts sur la peur de l'obscurité, Ungar entreprit d'extraire ce qu'on allait appeler la « scotophobine ». Pour en obtenir une quantité mesurable, il lui fallait disposer de la matière cérébrale de 4 000 rats dressés. Pour les psychologues, cela représentait de lourdes dépenses et même les autres biochimistes n'avaient pas les moyens de se mesurer à lui. Ungar acquit finalement la conviction d'avoir isolé, analysé et synthétisé la scotophobine.

Ungar avait espéré que les problèmes posés par la réitération des expériences de transfert chimique seraient résolus si on pouvait disposer d'un produit de synthèse, mais, comme si souvent dans une science sujette à contestation, les détails prêtant à discussion étaient si nombreux qu'aucune expérience ne permit de convaincre qui que ce soit que l'on avait abouti à une découverte significative.

On mettait en cause la pureté du matériau de synthèse, sa stabilité, le mode de conservation employé par les autres laboratoires avant son utilisation et la nature des changements induits dans le comportement (s'ils existaient). Ungar annonça en outre que la formule précise de la scotophobine était susceptible de varier. Il en résulta une controverse ininterrompue. Quelques-uns de ceux qui croyaient au phénomène de transfert chimique pensaient qu'il existait une « famille » de substances chimiques semblables à la scotophobine correspondant aux différentes espèces, substances dont les formules étaient similaires mais légèrement différentes. Une expérience montra que la version synthétique de la scotophobine n'était d'aucun effet sur les souris mais faisait naître la peur de l'obscurité chez les poissons rouges !

Il est difficile de dire avec précision combien d'expériences ont été effectuées avec la scotophobine synthétique, du fait que, plusieurs versions différentes en ayant été mises au point, beaucoup de résultats n'ont pas été publiés et que certaines de ces expériences n'ont consisté qu'à déterminer avec exactitude dans quelle partie du cerveau du récepteur aboutissait la substance transférée. Des dizaines d'expériences sont connues, mais leur ambiguïté est telle qu'il est difficile tant aux partisans du transfert qu'à ses détracteurs de retirer une certitude quelconque de leurs résultats.

Le dénouement

McConnell ferma son laboratoire en 1971. Il était incapable d'étayer davantage ses découvertes et, de toute manière, il réalisait qu'apporter la preuve du phénomène de transfert exigeait que l'on isole et synthétise les agents actifs comme le faisait Ungar. On peut dire que ce dernier avait gagné la partie sur le plan de la stratégie expérimentale. Les psychologues avaient baissé pavillon face aux moyens importants dont disposait la biochimie.

Ungar intensifia son programme de recherche. Le dressage de milliers de rats demandait trop de moyens pour être pratiqué souvent et il concentra ses efforts sur les poissons rouges : ils sont relativement bon marché et il est facile de les conditionner à des choix de couleurs. La vie de quelque 17 000 poissons fut sacrifiée pour produire 750 grammes d'extrait de matière cérébrale conditionnée au choix des couleurs, mais cela restait insuffisant pour qu'il puisse identifier la structure chimique des hypothétiques substances caractéristiques de la mémoire, les chromodiopsines.

Ungar, qui avait déjà atteint l'âge de la retraite quand il commença ses travaux sur le transfert, mourut en 1977 à soixante et onze ans et les recherches s'interrompirent. La suprématie même qu'il avait exercée dans ce domaine, effet de son approche ambitieuse, avait éliminé tous les laboratoires concurrents. D'une part, le phénomène de transfert n'a jamais été tout à fait assez avéré pour que ce genre d'expériences attire des débutants ou des chercheurs disposant de moyens limités et, d'autre part, Ungar avait mis la barre si haut que les investissements nécessaires à reproduire ses expériences avec sérieux étaient trop importants. Ainsi, lorsqu'il mourut, il n'y eut personne pour reprendre le flambeau.

Ses travaux sur les rats et les poissons rouges se soldèrent par un certain nombre de formules de molécules actives liées au comportement. Certains chercheurs essayèrent de synthétiser la scotophobine et la testèrent sur des animaux, mais, comme nous l'avons dit plus haut, ces tests n'apportèrent aucune réponse définitive à la question de savoir si elle était véritablement la matérialisation chimique de la « peur de l'obscurité » ou de quelque chose comme la peur en général. En tout cas, si les efforts héroïques d'Ungar ont abouti à des résultats intéressants, ceux-ci ont sombré dans l'oubli lorsque les recherches sur la chimie des peptides encéphaliques prirent leur essor à la fin des années 1970. Les chercheurs purent alors travailler sur des substances chimiques cérébrales dont les effets étaient manifestes sans être pour autant liés au transfert de la mémoire.

La scotophobine perdit donc tout intérêt particulier et ses liens historiques avec les expériences controversées sur le transfert devinrent un handicap. La plupart des scientifiques se détournèrent donc purement et simplement de ce secteur de recherche. Comme beaucoup de controverses, celle-ci prit fin faute de combattants.

Il est difficile de dire qu'une expérience particulière ou un ensemble d'expériences ait prouvé que le phénomène du transfert n'existait pas, mais, à l'époque, trois communications avaient été jugées décisives. Leur intérêt *historique* tient à l'effet négatif qu'elles ont produit lors de leur publication, tandis que leur intérêt *sociologique* est lié, semble-t-il, aux raisons de cet effet – d'autant plus qu'avec le recul elles sont loin d'apparaître aussi concluantes.

Le premier article fut publié en 1964 et émanait du laboratoire du prix Nobel Melvin Calvin ; il portait sur les planaires (Bennett et Calvin, 1964). L'article décrivait une série d'expériences – d'anciens étudiants de McConnell avaient été chargés du dressage au cours de certaines d'entre elles – qui semblaient montrer que l'apprentissage n'avait pas lieu. Cet article eut une portée considérable et fut invoqué pendant des années pour battre en brèche les premières recherches sur le transfert chimique de la mémoire. Son verdict prudent en vertu duquel l'apprentissage des planaires n'était « pas encore prouvé » ne vaut plus aujourd'hui et il est admis que les vers sont capables d'apprendre.

Le second article, dû à Byrne et à vingt-deux autres chercheurs, fut publié en 1966 (Byrne *et al.*, 1966). C'était une brève communication parue dans *Science* qui faisait état de l'échec des tentatives de reproduire l'une des expériences originales de transfert effectuées par sept laboratoires différents. Lui aussi a souvent été considéré comme un coup fatal porté à ces travaux. Et c'est bien ce qu'il a été à l'époque. Mais pour Ungar et d'autres de leurs défenseurs, dans toutes les expériences mentionnées dans l'article – ainsi que dans celle qu'elles avaient pour but de reproduire –, on avait fait fausse route en supposant que le véhicule du transfert était l'ARN et non pas un peptide. D'après Ungar, les techniques auxquelles les expérimentateurs avaient eu recours en manipulant les extraits d'encéphale détruisaient probablement la substance peptidique active. D'après lui, il se serait trouvé en l'occurrence que les techniques biochimiques rudimentaires utilisées par hasard lors de l'expérience d'origine n'avaient pas détruit le peptide, d'où le résultat positif normal !

Le dernier article est le plus connu. Ungar publia un compte rendu en cinq pages de ses travaux sur l'analyse et la synthèse de la scotophobine dans *Nature*, probablement la plus prestigieuse des revues de sciences biologiques (Ungar *et al.*, 1972). Il était toutefois accompagné d'un commentaire critique de quinze pages dû au rapporteur de l'article. Ces commentaires détaillés, et peut-être le seul fait que la communication ait revêtu cette forme exceptionnelle, ont entamé considérablement la crédibilité du phénomène de transfert de la mémoire. Il est bon de remarquer que *Nature* a réutilisé par la suite cette forme de publication inhabituelle au détriment d'autres études scientifiques peu orthodoxes et peut-être de la science en général.

En dépit de la perte de crédibilité généralisée du transfert chimique de la mémoire, un partisan convaincu de cette thèse ne trouverait aucune publication qui en apporte une réfutation fondée sur une preuve technique décisive. Il ne lui semblerait ni déraisonnable ni antiscientifique de reprendre les expériences dans ce domaine. Tous les résultats négatifs peuvent être contestés alors que beaucoup des résultats positifs ne l'ont pas été. C'est en cela que le transfert chimique de la mémoire est un exemple typique de controverse scientifique. Si nous ne croyons plus à la possibilité du transfert de mémoire, c'est parce que nous nous en sommes lassés, parce que des problèmes plus intéressants se sont posés à nous et que les principaux expérimentateurs à s'être penchés sur la question ont perdu leur crédit. Son impossibilité n'a jamais été vraiment démontrée ; il a tout simplement cessé de captiver l'imagination des chercheurs et les regards du golem se sont tournés ailleurs.

2. Les preuves décisives de la théorie de la relativité

Introduction

La théorie de la relativité d'Einstein est devenue célèbre dès le début du siècle. L'une des raisons de ce succès tient à ce qu'elle donnait un sens à un certain nombre d'observations déconcertantes. Elle expliquait, par exemple, pourquoi l'orbite de Mercure s'écarte légèrement du tracé qu'elle devrait suivre et rendait compte du léger décalage vers le rouge que certains affirmaient avoir décelé dans le spectre de la lumière émise par le Soleil. Mais la théorie de la relativité a en outre connu un succès populaire et fait la une des journaux. Ce phénomène n'est pas étranger à la fin de la Grande Guerre et à l'effet unificateur qu'a exercé la science sur un continent marqué de profondes fractures. Il n'est pas étranger non plus à l'extraordinaire des circonstances qui ont apporté la « preuve » de la relativité générale en 1919 et à la simplicité de celle-ci. Et il tient sans aucun doute au bouleversement de l'idée que nous nous faisons du monde physique entraîné par la théorie. Lorsqu'on prit la mesure de tout ce qu'impliquait l'intuition d'Einstein – la vitesse de la lumière est la même quelle que soit la vitesse de la source qui l'émet –, d'étranges perspectives s'ouvrirent.

Il s'avérait que si les idées d'Einstein étaient justes, le temps, la masse et la longueur n'étaient pas fixes mais dépendaient de la vitesse de déplacement des objets. Ceux qui se déplacent très vite – que la vitesse de la lumière est la même quelle que soit la vitesse de la source qui l'émet – doivent s'alourdir et se raccourcir considérablement. Un observateur extérieur aurait l'impression que des personnes voyageant à une telle vitesse vieillissent plus lentement; des jumeaux vieilliraient à des rythmes différents si l'un restait immobile et l'autre faisait un aller et retour à grande vitesse. Si la théorie est exacte, la lumière ne se déplace pas en ligne droite, mais les champs gravitationnels impriment à sa trajectoire une courbure plus grande qu'on ne l'avait imaginé. Une autre conséquence de la théorie était de plus mauvais augure : la masse et l'énergie étaient nécessairement interchangeables. D'une part, cela expliquait pourquoi le Soleil continuait de briller alors même qu'il aurait dû être à court de carburant depuis longtemps. De l'autre, de nouvelles sources d'énergie d'une puissance terrifiante devenaient potentiellement disponibles, possibilité qui devait être démontrée plus tard par une preuve pour laquelle l'adjectif « irréfutable » aurait pu être inventé – l'explosion de la bombe atomique. Dans la mesure où des faits peuvent être qualifiés de scientifiques, les relations entre matière et énergie mises en évidence par Einstein sont bien de ceux-là.

Mais la théorie de la relativité ne fut pas « prouvée » par l'explosion de la bombe atomique en 1945. Elle faisait autorité depuis de nombreuses années. On considère en général que deux observations décisives en ont fourni la preuve. Il s'agit de l'expérience de la « dérive éthérique » de Michelson-Morley réalisée dans les années 1880, que nous exposerons dans la première partie de ce chapitre, et de l'observation du déplacement apparent des étoiles effectuée par Eddington au cours de l'éclipse solaire de 1919, décrite dans la deuxième partie.

Pour la plupart d'entre nous, les observations de Michelson-Morley ont montré que la vitesse de la lumière est la même dans toutes les directions et ont ainsi prouvé la théorie de la relativité restreinte, tandis que les expéditions entreprises par Eddington vers des régions reculées afin d'observer l'éclipse de 1919 ont permis de constater que le Soleil infléchissait suffisamment la lumière stellaire pour prouver la théorie générale. Tout le sel de ces épisodes de l'histoire des sciences tient à la clarté des questions posées et au caractère décisif des réponses apportées. Ou bien la vitesse de la lumière était la même dans toutes les directions ou bien elle ne l'était pas. Soit le déplacement apparent des étoiles proches du Soleil était deux fois plus important qu'il aurait dû l'être d'après l'ancienne théorie newtonienne, soit il ne l'était pas. A première vue, rien n'était plus simple. C'est le caractère extraordinaire de la relativité et l'histoire de ces premières observations qui amenèrent beaucoup de gens de cette génération à se passionner pour la science. Cependant, même ces expériences se révèlent beaucoup moins décisives qu'on ne le pensait. Ce qui est simple « à première vue » est bien plus compliqué en réalité.

I. La Terre vogue-t-elle sur une mer éthérique ?

Toutes les expériences ont donné le même résultat négatif que celle de Michelson et Morley, et n'ont jamais décelé la moindre infuence du mouvement de la Terre (Albert Einstein et Léopold Infeld, *L'Évolution des idées en physique*, 1938).

En 1887, Albert Michelson et Edward Morley firent une expérience très minutieuse à la Case School of Applied Science à Cleveland. Ils comparèrent la vitesse de la lumière dans la direction du mouvement de la Terre et perpendiculairement à ce mouvement. A leur grande surprise, ils trouvèrent deux valeurs exactement identiques ! (Stephen Hawking, *Une brève histoire du temps : du big bang aux trous noirs*.)

La mer calme de l'éther

La lumière et l'éther

A la fin du XIXe siècle, on pensait que les ondes lumineuses se déplaçaient dans un milieu omniprésent, mais immatériel, appelé « éther ». Si cela avait été vrai, le déplacement de la Terre au sein de l'éther suivant son orbite autour du Soleil aurait provoqué une variation apparente de la vitesse des ondes lumineuses. De même, en courant vite dans l'air immobile, on crée son propre « vent éthérique » dans la « mer éthérique » ténue. Debout à la surface de la Terre face au vent éthérique, on aurait eu l'impression que la lumière se mouvait plus rapidement que si l'éther avait été immobile. La vitesse de la lumière devrait augmenter avec celle du vent éthérique. En revanche, en se tenant perpendiculairement au vent, sa vitesse aurait semblé normale. C'est ce qu'Albert A. Michelson s'attendait à observer lorsqu'il effectua ses premières expériences sur l'éther ; il constata en fait que la lumière paraissait se déplacer à la même vitesse dans toutes les directions.

Michelson et la relativité

En vertu de la théorie de la relativité, la lumière doit avoir une vitesse constante dans toutes les directions, mais cette théorie ne fut découverte que vingt-cinq ans après que Michelson eut entrepris ses observations. Celui-ci ignorait donc tout de la relativité ; à l'origine, son intention était de mesurer la vitesse de la Terre grâce au mouvement à travers l'éther. On pense souvent que cette expérience a soulevé un problème qu'Einstein s'attacha à résoudre, mais on se trompe probablement. Il semble qu'Einstein se soit peu intéressé aux expériences de Michelson à l'époque où il formula sa théorie. Le point de départ de ses recherches était un paradoxe dans la théorie des ondes électriques. Il fallut attendre vingt ans au moins après les premières expériences décisives pour que le lien entre les travaux d'Einstein et de Michelson fût établi par d'autres. Michelson ne soupçonnait donc pas toute l'importance qu'allaient revêtir par la suite ses résultats. A l'époque, il fut déçu de ne pas avoir réussi à déterminer la vitesse de la Terre. Comme nous le verrons, il n'avait même pas réussi à mener à bien son expérience convenablement ; il passa à autre chose immédiatement après avoir publié ses premières découvertes.

Comment mesurer la vitesse du vent éthérique ?

Pour mesurer la vitesse de la Terre, Michelson devait mesurer celle de la lumière dans toutes les directions. L'hypothèse de départ était que la vitesse maximum de la Terre par rapport à l'éther était du même ordre de grandeur que celle du mouvement de la planète sur son orbite autour du Soleil – quelque vingt-huit kilomètres par seconde. On savait que la vitesse de la lumière était quant à elle de l'ordre de 300 000 kilomètres par seconde ; le phénomène que l'on voulait mesurer était donc difficilement perceptible – de un pour dix mille. La mesure directe de la vitesse de la lumière était en outre trop imprécise pour que l'on puisse mettre en évidence un tel écart et la seule possibilité était donc de la comparer dans deux directions différentes.

La méthode consistait à faire appel à ce qu'on nomme maintenant l'*interférométrie*. Un même rayon lumineux est partagé en deux puis recomposé. Lorsque le rayon divisé se recompose, il crée des *zones d'interférence* – une succession de bandes lumineuses et de bandes sombres. Ce phénomène est dû au fait que les ondes lumineuses de chacune des deux moitiés du rayon viennent se renforcer mutuellement – les bandes lumineuses – ou se neutraliser – les bandes sombres. Il s'agit là de la simple conséquence géométrique de la superposition de deux mouvements ondulatoires : lorsqu'on se déplace à travers le champ où les rayons convergent, la longueur du chemin de chaque rayon se modifie légèrement. Ainsi, le rayon du dessus doit franchir une certaine distance avant d'atteindre le milieu de la région éclairée. Pour atteindre un point légèrement décalé vers le bas, il devra parcourir un chemin un peu plus long ; pour atteindre un point situé tout en bas de cette région, il devra franchir une distance plus longue encore (voir figure 1). Le rayon atteint donc la région éclairée à différentes phases de son mouvement ondulatoire ; la crête de l'onde du dessus l'atteint en un certain point tandis que le creux l'atteint en un autre point situé un peu plus loin. Puisqu'il en est de même avec le rayon du dessous, les deux crêtes (ou les deux creux)

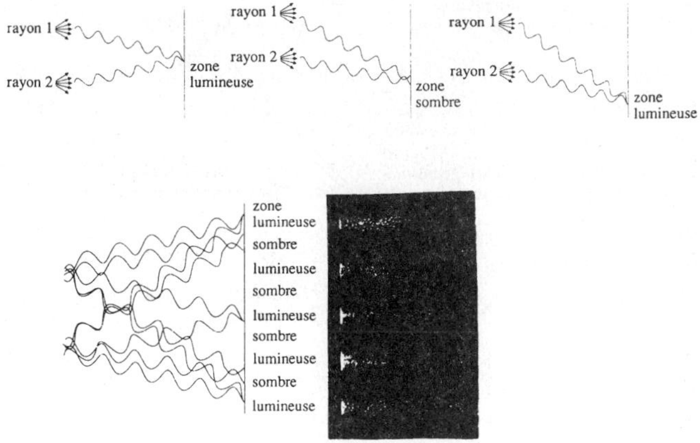

Figure 1. Franges d'interférence

atteindront parfois le même point et cumuleront ainsi leur énergie, tandis qu'en d'autres points une crête et un creux coïncideront, s'annulant ainsi mutuellement – d'où l'alternance des *franges d'interférence* alternativement sombres et lumineuses.

Michelson se proposa de faire cheminer les rayons interférant à angle droit et de les faire se réfléchir afin qu'ils se recomposent près de leur source. Imaginez maintenant que l'orientation de l'ensemble du dispositif présente avec le vent éthérique un angle tel que la vitesse de la lumière le long des deux directions soit égale (voir figure 2). On observe alors les zones d'interférences. Supposez maintenant que l'on modifie l'orientation par rapport à la direction du vent éthérique de manière à ce que la vitesse de la lumière devienne plus grande le long d'une des deux directions et plus faible suivant l'autre (voir figure 3). Considérant alors d'abord l'une de ces deux directions seulement, une *crête* ne viendra peut-être plus frapper le même point qu'auparavant. Cela vaut également pour l'autre moitié du faisceau lumineux. Il en résultera que les

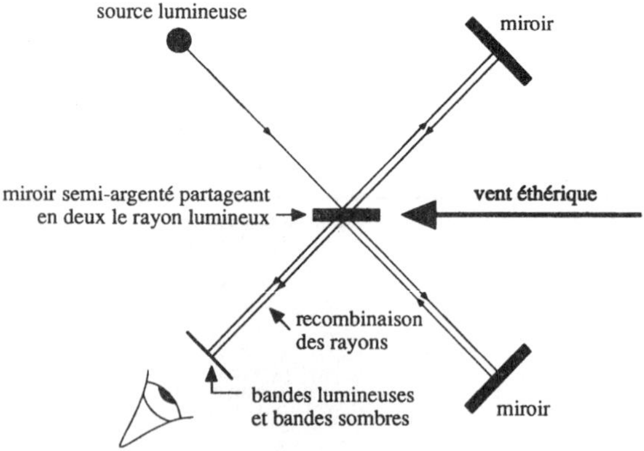

Figure 2. Vitesse de la lumière égale le long des deux trajets.

points où les ondes se cumulent et ceux où elles s'annulent se déplaceront ; autrement dit, les bandes lumineuses et les bandes sombres subiront un décalage latéral.

Dans ce dispositif expérimental, il n'est pas besoin de savoir dans quelle direction souffle le vent éthérique au début de l'expérience pour déterminer quel est le mouvement de la Terre à travers l'éther ; la seule chose que l'on ait à faire est de modifier l'orientation de l'instrument et d'observer les déplacements des franges d'interférence. Il est alors possible de calculer à la fois la vitesse et la direction de la planète quand on connaît l'ensemble de ces déplacements.

L'explication que nous venons de donner masque une question importante. Dans le dispositif de Michelson, les rayons lumineux sont envoyés dans une certaine direction, puis réfléchis. Par conséquent, si, emportés par le vent éthérique, leur vitesse augmente, elle doit diminuer dans l'autre sens ; les deux effets paraissent donc s'annuler. L'arithmétique montre, certes, que ce n'est pas tout à fait vrai. Le gain n'est pas complètement compensé par la perte, mais cela signifie cependant que l'effet d'ensemble est bien moins important qu'il ne le serait si l'on

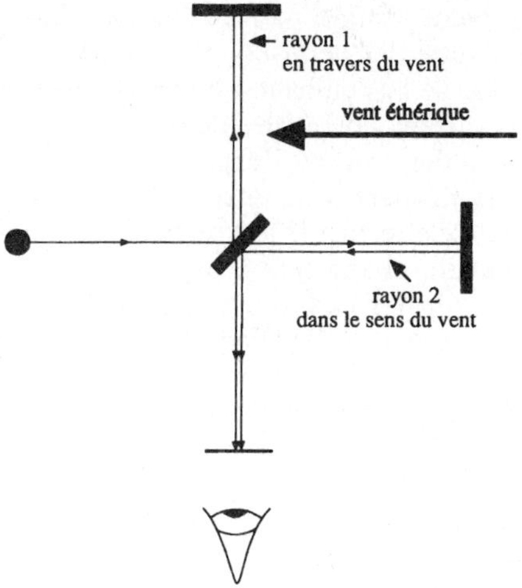

Figure 3. Un trajet en travers, l'autre dans le sens du vent éthérique

pouvait recomposer les rayons lumineux sans les faire revenir à leur point de départ – ce qui est impossible. Autrement dit, au lieu de devoir rechercher une variation de la vitesse de l'ordre de 1 pour 10 000, on en est réduit à détecter un effet de 1 pour 100 millions (le carré de 1 pour 10 000). Il s'agissait donc bien d'une expérience extrêmement délicate. Cependant, en mettant au point son dispositif, Michelson espérait voir les franges d'interférence se déplacer de quelque 40 % de la largeur de l'une d'elles si le vent éthérique soufflait à une vitesse égale à la vitesse orbitale de la Terre. Cela eût été facile à observer.

Les éléments de l'expérience

Il est important de remarquer que la vitesse apparente du vent éthérique dépend de l'orientation du dispositif expérimental et celle-ci varie au cours de la rotation de la Terre sur son axe ; le vent semble parfois souffler dans la direction de l'un ou l'autre des demi-rayons lumineux et, parfois, de haut en bas ou de bas en haut à travers le dispositif, moment où son effet différentiel sur les deux moitiés de rayon serait minime. Il faut donc répéter l'expérience à divers moments de la journée de manière à ce que, la Terre tournant sur elle-même, on puisse effectuer le test selon différentes orientations. Pour comprendre pleinement le mouvement, il est en outre nécessaire de répéter l'expérience à différentes périodes de l'année, la Terre se déplaçant dans des directions variables par rapport au Soleil. Si l'éther était immobile par rapport au Soleil, de sorte que l'ensemble du mouvement de la Terre à travers l'éther soit dû à sa vitesse orbitale, la vitesse serait plus ou moins constante tout au long de l'année et à tout moment de la journée. Si, en revanche, l'ensemble du système solaire se déplaçait lui-même à travers l'éther, le mouvement orbital de la Terre s'effectuerait dans la même direction que le mouvement du système solaire à certains moments de l'année et, à d'autres moments, il s'effectuerait dans la direction opposée. On devrait donc s'attendre à trouver une « vitesse du vent » apparente maximale à une certaine saison de l'année et minimale à un autre. La différence pourrait alors servir à définir le mouvement du système solaire dans son ensemble.

Remarquons que si la vitesse du système solaire à travers l'éther était proche de celle de la Terre sur son orbite, il y aurait des périodes de l'année où le mouvement de la Terre sur son orbite annulerait quasiment celui du Soleil. Durant ces périodes, la vitesse apparente du vent éthérique serait très faible, voire nulle. Ce serait là une coïncidence improbable, mais, pour l'éliminer, il convenait d'effectuer des observations à deux moments différents de l'année.

Pour que l'expérience réussisse, la trajectoire des rayons lumineux devait être maintenue constante afin qu'ils soient uniquement affectés par les changements de direction du vent éthérique. Les modifications apparentes de trajectoire qu'il fallait observer étaient de l'ordre d'une seule longueur d'onde lumineuse. Du fait que les trajectoires étaient de quelques dizaines de mètres et que la longueur d'onde de la lumière visible est de l'ordre du millionième de mètre, il est très difficile de conserver au dispositif expérimental la stabilité nécessaire. Le plus léger fléchissement de l'un des bras qui supportaient les miroirs eût été plus que suffisant pour perturber la mesure. Michelson allait constater qu'une masse de trente grammes placée à l'extrémité de l'un des bras de son appareil de plusieurs tonnes suffisait à fausser considérablement les résultats. Quant à la température, on estimait que des variations aussi minimes qu'un centième de degré produiraient un effet apparent trois fois supérieur à celui qu'on attendait du vent d'éther lui-même. Les effets magnétiques provoqués par le métal présent dans l'environnement immédiat ou par le champ magnétique terrestre sur le dispositif expérimental pouvaient suffire à bouleverser les résultats, si la structure rigide nécessaire était faite d'acier ou de fer, tandis que de légères variations hygrométriques risquaient de vicier les expériences si l'on choisissait d'utiliser du bois. La nécessité d'un contrôle de la température et des vibrations demandait que le dispositif expérimental soit fermement assujetti sur des fondations massives dans les caves de solides immeubles soigneusement isolés.

Malheureusement, la masse de l'appareillage et la bonne isolation du dispositif posaient à leur tour un problème. On pensait que l'éther pouvait être « entraîné » par des matériaux massifs opaques. Apparemment, une pièce bien isolée, située au rez-de-chaussée ou au sous-sol d'un gros immeuble risquait donc de constituer un véritable piège à éther : une fosse de stagnation que contournerait la brise éthérique. Pis encore, les collines et les montagnes, ou la surface de la Terre elle-même, étaient susceptibles d'emporter l'éther avec elles, tout comme elles emportent l'air. Ces considérations montraient que l'expérience devait être effectuée à l'extérieur, au sommet d'une montagne, ou à tout le moins dans un immeuble de construction légère, en verre de préférence.

L'expérience devait donc réunir six conditions différentes :

1. Les rayons lumineux devaient être séparés et réfléchis à angle droit.
2. Les observations devaient être effectuées pour différentes orientations du dispositif expérimental sur son axe.
3. Les observations devaient être répétées à différents moments de la journée pour tenir compte de la rotation de la Terre sur son axe.
4. Les observations devaient être répétées à différentes saisons pour tenir compte du changement de direction du mouvement de la Terre par rapport au Soleil.
5. On pouvait soutenir en outre que l'expérience devait être effectuée dans un immeuble de construction légère, ouvert ou transparent.
6. De même, il fallait, semble-t-il, que l'expérience soit réalisée sur une colline élevée ou une montagne.

Le dispositif expérimental

Michelson effectua une première expérience en 1881 puis, avec la collaboration d'Arthur Morley, une seconde observation, beaucoup plus précise, en 1887. En elle-même l'expérience est simple : un rayon lumineux est divisé en deux faisceaux réfléchis selon deux directions formant un angle droit, réunis ensuite près de la source, où l'on observe les franges d'interférence. On fait pivoter le dispositif et on renouvelle les observations en notant le décalage des franges claires et sombres. En pratique, on faisait faire au dispositif un tour complet et l'on effectuait les mesures pour seize orientations. L'expérience était extrêmement délicate. Michelson affirma avoir rencontré de grandes difficultés dues aux vibrations avec le premier appareil, construit en Allemagne. Il fallut le transporter de Berlin à Potsdam, ville beaucoup plus paisible, mais même en ce cas, le martèlement du sol provoqué par les passants à cent mètres du laboratoire pouvait faire disparaître les franges.

L'expérience devait être réalisée la nuit, au moment où les perturbations extérieures étaient les plus faibles. Dans le premier appareillage, les trajectoires lumineuses étaient relativement courtes. Dans les expériences ultérieures, ces trajectoires furent allongées en faisant effectuer des va-et-vient multiples à la lumière grâce à des réflexions successives, ce qui augmentait d'autant la sensibilité au vent éthérique, mais accroissait en même temps inévitablement la sensibilité aux vibrations et aux autres perturbations.

Le long historique de l'expérience peut donc être perçu comme une succession d'accroissements de la longueur des deux faisceaux lumineux, de modifications des matériaux dont étaient faites les différentes parties du dispositif et de changements du lieu et du local où était effectuée l'expérience.

L'expérience de 1881 : le calme plat

Dans la première expérience de Michelson, la longueur des rayons lumineux était de 120 centimètres. D'après ses calculs, un vent éthérique d'une vitesse proche de la vitesse orbitale de la Terre devait entraîner un déplacement d'à peu près un dixième de la largeur d'une frange d'interférence lorsque le dispositif pivotait. Michelson avait la conviction de pouvoir le déceler facilement si tant est qu'il existât. En mettant au point et en utilisant ses instruments, il se heurta aux problèmes posés par les vibrations et par le gauchissement des bras de soutien lorsqu'il faisait pivoter le dispositif sur son axe. Il publia néanmoins le résultat de ses observations, selon lesquelles aucun mouvement de la Terre à travers l'éther ne pouvait être détecté.

Après cette publication, H. A. Lorentz reprit l'analyse de l'expérience et remarqua que Michelson avait omis de prendre en considération l'effet non négligeable du vent sur le bras transversal de l'appareil ; si l'on traverse le courant d'une rivière à la rame, on mettra plus de temps pour faire l'aller et retour à cause du courant que s'il n'y en a pas ! Lorsqu'on prend cet effet en compte, il réduit de moitié le déplacement attendu des franges d'interférence. Michelson conclut alors que, eu égard aux difficultés rencontrées au cours de la première observation et à ce nouveau mode d'évaluation du déplacement, il pouvait se faire que l'effet du vent éthérique présumé soit masqué par le « bruit de fond » inévitable de l'expérience. Cela l'amena à imaginer et à construire un dispositif plus perfectionné.

L'expérience de Michelson et Morley de 1887 : l'éther joue la fille de l'air

Le nouveau dispositif expérimental était beaucoup plus sophistiqué. Il avait été installé à l'université d'origine de Michelson à Cleveland. Un baquet en fonte rempli de mercure reposait sur un socle en brique aménagé dans une pièce du sous-sol. Un bloc massif de grès, d'environ un mètre quatre-vingts de côté et de quarante centimètres d'épaisseur, flottait sur le mercure. On pouvait le mettre en mouvement manuellement et, une fois lancé, il tournait lentement, faisait un tour complet en quelque six minutes et continuait de tourner sur sa lancée pendant plus d'une heure. La source lumineuse, le diviseur de faisceau, les réflecteurs, etc., étaient placés sur le bloc de grès. Un certain nombre de miroirs étaient installés de manière à provoquer, par réflexion, plusieurs va-et-vient des rayons avant de les recombiner sur l'écran. Cela donnait une trajectoire de plus de dix mètres et permettait d'espérer un déplacement équivalent aux quatre dixièmes de la largeur d'une frange d'interférence lorsque le dispositif pivotait sur lui-même.

Après les mises au point et les ennuis habituels, Michelson et Morley furent enfin prêts à effectuer leurs observations. A midi, les 8, 9 et 11 juillet et vers six heures de l'après-midi les 8, 9 12 du même mois, Michelson suivait la rotation de l'appareil et annonçait les résultats à Morley qui enregistrait ses observations. Leur déception fut grande, car rien qui ressemblât de près ou de loin à la vitesse supposée du vent éthérique ne put être mis en évidence. Une fois de plus, l'expérience produisait un résultat nul.

Nous avions noté plus haut que six conditions étaient exigées – transmission des rayons lumineux à angle droit, rotation du dispositif expérimental, observations effectuées à différentes heures du jour et à différentes périodes de l'année, locaux en matériaux légers et situation élevée. L'expérience que nous venons de décrire réunissait trois de ces conditions seulement. Michelson semble avoir été si déçu par les résultats obtenus qu'au lieu de poursuivre ses recherches immédiatement il s'attaqua à un problème tout à fait différent – l'utilisation de la longueur d'onde de la lumière comme étalon absolu de mesure de longueur.

On ne peut comprendre la réaction de Michelson qu'en considérant l'expérience avec ses propres yeux, autrement dit comme un moyen de mesurer la vitesse de la Terre. En l'occurrence, on s'attendait à ce que cette vitesse soit passablement élevée et qu'elle soit faible seulement dans le cas d'une coïncidence exceptionnelle – la compensation de la vitesse du système solaire par celle, égale et en direction opposée, de la Terre au moment où est effectuée l'expérience. On doit également supposer que Michelson ne s'était pas préoccupé de la question du « piège » à éther. Ce qui est en tout cas certain, c'est que l'interféromètre, tel qu'il l'avait fabriqué, n'était guère utilisable comme instrument de mesure de la vitesse. L'expérience telle qu'on la considère maintenant – une vérification de la théorie de la relativité – a, en revanche, une portée théorique plus grande, mais une valeur expérimentale moindre. Pour vérifier la théorie de la relativité, l'expérience doit démontrer, non que la Terre se déplace à une vitesse proche de celle escomptée, mais que la vitesse de la lumière est absolument la même, quelle que soit la direction dans laquelle on la mesure. Dans le premier cas, les résultats obtenus étaient trop décevants pour que cela vaille encore la peine de perfectionner l'instrument de mesure de la vitesse. Comme vérification de la théorie de la relativité, au contraire, le plus léger déplacement des franges d'interférence revêtirait une grande portée. Et il serait capital d'effectuer l'expérience à différentes époques de l'année du fait qu'une différence minime entre des mesures effectuées aux diverses saisons serait significative au regard de la théorie. L'expérience de 1887 n'était donc pas une très bonne vérification de la théorie de la relativité, même si elle convenait à l'objectif que s'étaient fixé Michelson et Morley. Il fallut attendre la publication des célèbres articles d'Einstein dans les premières années de ce siècle pour que l'expérience puisse être *rétroactivement* considérée comme une preuve décisive de la relativité.

Morley et Miller dans les années 1900

Bien que Michelson se fût désintéressé des résultats qu'il avait obtenus, le débat ne fut pas clos pour autant. Ces résultats jetaient une ombre sur le monde de la physique. De nombreuses explications furent proposées pour tenter de montrer que l'existence de l'éther n'était pas incompatible avec les résultats obtenus – nouvelles sources d'erreur dans le déroulement de l'expérience, comme celles dues au mouvement de l'œil de l'observateur, ou encore la « contraction de Lorentz » (l'idée que la matière, et notamment les bras de l'interféromètre, se contracteraient suivant la direction du mouvement jusqu'à annuler l'effet). L'intérêt suscité par la question était tel qu'au début des années 1900 Morley et Dayton C. Miller, qui avait repris la chaire d'université de Michelson, fabriquèrent de nouveaux interféromètres plus perfectionnés. Ils construisirent un appareil plus grand, essentiellement en bois, afin de déceler des différences de contraction, mais ne relevèrent aucune différence par rapport aux instruments métalliques posés sur le socle en grès.

La question de l'éther piégé ou entraîné par l'environnement matériel de l'expérience n'était toujours pas réglée ; il fallait donc essayer le dispositif en un lieu élevé. En 1905, Morley et

Miller tentèrent l'expérience dans une enceinte de verre installée au sommet d'une colline à cent mètres d'altitude. Ils n'aboutirent de nouveau à rien de probant par rapport au résultat attendu d'après la vitesse orbitale de la Terre.

Au moment où ils achevaient leurs travaux, toute la portée des articles d'Einstein commençait à être reconnue et on était sur le point de considérer ces résultats « nuls » comme l'une des découvertes les plus importantes de la physique expérimentale. Il ne faudrait pas croire, cependant, que les idées d'Einstein aient été unanimement acceptées dès leur publication. La bataille se poursuivit pendant plusieurs décennies. La théorie de la relativité se heurtait à des résistances pour maintes raisons et sur plusieurs fronts. Le résultat obtenu par Michelson et Morley continua de soulever l'intérêt et d'être réexaminé même après la Seconde Guerre mondiale.

Il souffle !
Les expériences de Miller dans les années 1920

Du fait que les expériences réalisées avec l'interféromètre en venaient à être considérées comme des vérifications de la théorie de la relativité plutôt que comme des mesures de la vitesse de la Terre, les résultats obtenus paraissaient pour le moins incomplets. Dayton Miller, en partie grâce aux encouragements d'Einstein et de Lorentz, décida de vérifier les résultats au moyen d'un appareil installé au sommet du mont Wilson, à une altitude de 1 800 mètres. Examinés de près dans le contexte de la relativité, les résultats des premières expériences se révélaient ambigus. Bien que le déplacement des franges d'interférence fût minime – il ne représentait guère qu'un centième de la largeur d'une frange et non pas les quatre dixièmes attendus –, les premières expériences avaient néanmoins mis en évidence un certain effet. Du point de vue de la relativité, tout effet réel, même faible, était bien entendu d'une importance cruciale.

Au début des années 1920, Miller dirigea un certain nombre d'expériences peu concluantes sur le mont Wilson et se heurta aux difficultés habituelles liées à la maîtrise des variations de température, au manque de rigidité du dispositif expérimental, etc. Il modifia son dispositif, reprit ses observations le 4, 5 et 6 septembre 1924 et constata cette fois un déplacement des franges d'interférence. Il conclut : « Nous avons montré sans doute possible l'existence d'un effet réel et systématique. »

L'expérience de Miller différait des autres en ce qu'il y respecta tout particulièrement la quatrième condition imposée par le protocole expérimental, en effectuant d'autres observations au cours du printemps, de l'été et de l'automne suivants. En 1925, il affirmait avoir observé un mouvement de la Terre de quelque dix kilomètres par seconde – de l'ordre du tiers de celui que Michelson s'était attendu à trouver à l'origine. En 1925, Miller fut récompensé de ces travaux par le Prix de l'Association américaine pour l'avancement de la science.

Ainsi, alors que la fameuse expérience de Michelson-Morley de 1887 est souvent considérée comme la première preuve – quoique involontaire – de la relativité, en 1925, une variante plus élaborée et plus complète de la même expérience était largement saluée comme sa réfutation effective. Celle-ci n'avait été réalisée ni par un excentrique ni par un charlatan. Elle avait été menée par l'un des plus proches collaborateurs de Michelson, avec les encouragements d'Einstein, et avait été récompensée par l'une des plus hautes distinctions de la communauté scientifique.

Les premières réactions expérimentales : le vent tourne

Un certain nombre d'expériences ont succédé à la découverte de Miller, toutes faisant état de résultats négatifs. Le travail le plus considérable fut alors accompli par Michelson lui-même. Il construisit un interféromètre de dimensions imposantes, le fit fonctionner dans un laboratoire équipé de systèmes d'isolation et n'obtint là encore que des résultats négatifs. Miller et lui se retrouvèrent face à face à l'occasion d'un congrès scientifique et restèrent sur leurs positions. Une expérience élaborée fut également menée à bien à la même époque en Allemagne et ne donna elle non plus aucun résultat probant. Toutes deux, il convient de le remarquer, avaient été effectuées dans de bonnes conditions d'isolement, mais aucune ne l'avait été à une altitude significative. Bien qu'ils n'aient pas été obtenus dans des conditions favorables à la mise en évidence d'un vent éthérique, leurs résultats semblent avoir calmé l'agitation spéculative qu'avaient fait naître les résultats positifs recueillis par Miller. Une nouvelle expérience fut effectuée à partir d'un ballon, ce qui réglait le problème de l'altitude, mais nécessitait un lourd système de protection. Comme cela arrive souvent en matière scientifique, une « masse critique » d'expérimentateurs peuvent, par leurs conclusions clairement exprimées, balayer les objections les plus soigneusement étayées.

En 1930, l'encombrant dispositif de Michelson fut installé dans un observatoire, au sommet du mont Wilson. Cet observatoire était une construction métallique et constituait donc une protection plus efficace que les abris utilisés par Miller au même endroit. En tout état de cause, rien ne semble être sorti de ces dernières observations. Qui plus est, bien que l'interféromètre de Michelson ait été fabriqué avec de l'Invar, alliage insensible aux variations de température, une analyse ultérieure révéla que la composition du matériau n'était pas bonne.

L'article publié par Miller en 1933 et les expériences les plus récentes : l'éther n'est plus dans le vent

En 1933, Miller publia un article de revue dans lequel il concluait qu'il existait encore de bonnes raisons de croire à l'existence du vent éthérique. Nous sommes donc en présence d'une situation classique en physique de ce qu'on appelle la réplication. Miller affirmait avoir obtenu des résultats positifs, les critiques prétendaient en avoir obtenu de négatifs, mais Miller était en mesure de démontrer que les conditions dans lesquelles les expériences de ces derniers avaient été effectuées étaient différentes de celles de sa propre expérience. En particulier, la sienne était la seule à avoir été réalisée en altitude et avec un minimum de protections susceptibles d'empêcher la libre circulation du vent éthérique autour du dispositif expérimental. Miller déclarait :

> Dans trois de ces quatre expériences [négatives], les interféromètres ont été placés dans des constructions métalliques lourdes et hermétiques ou dans les sous-sols de gros immeubles ; dans celle de Piccard et Stahel [l'interféromètre avait été installé sur un ballon], on a simplement eu recours à une chambre à vide métallique. [...] Si le problème du freinage de l'éther doit peser sur les résultats des observations, il semble que des systèmes de protection massifs et opaques de ce genre ne soient pas appropriés. L'expérience vise à détecter une variation très minime de la vitesse de la lumière qui doit affecter la transmission de celle-ci à travers l'éther et il paraît essentiel qu'il y ait le moins d'obstacles possible entre l'éther à l'état libre et le trajet de la lumière dans l'interféromètre. [...]
> Dans aucune de ces expériences les observations n'ont été assez complètes et assez longues pour qu'il soit possible de déterminer la nature exacte de la variation diurne [due à la rotation de la Terre] et de la variation saisonnière (Miller, 1933, p. 240).

Pourtant, le débat était clos. D'autres vérifications de la théorie de la relativité, notamment les observations effectuées par Eddington en 1919 (dont nous parlerons plus loin), étayaient indirectement l'idée que celle-ci était correcte et que la vitesse de la lumière devait être constante quelle que soit sa direction. La manière nouvelle de pratiquer la physique – la nouvelle culture de la communauté des physiciens – s'était à tel point répandue que les résultats obtenus par Miller n'étaient plus pertinents.

Nous avons parcouru un long chemin depuis notre point de départ – l'idée que l'expérience de Michelson et Morley prouvait la théorie de la relativité. Nous en sommes arrivés au point où celle-ci a rendu cette expérience plus importante comme mythe fondateur que par ses résultats effectifs, ces résultats qui venaient contredire ce que l'expérience était censée avoir démontré ont été généralement ignorés. Les choses peuvent aussi être envisagées de la manière suivante. En matière scientifique, on a recours à la notion d'*anomalie* de deux façons. D'abord à propos de difficultés que l'on rencontre : « Nous n'en tiendrons pas compte ; c'est une simple anomalie », ou pour désigner de grosses contradictions : « La théorie actuelle présente de graves anomalies ». Les résultats interférométriques posèrent d'abord de gros problèmes pour la théorie de l'éther. D'anomalies, les résultats nuls se transformèrent en *découverte* au fur et à mesure que la théorie de la relativité gagnait de nouveaux adeptes. Lorsque Miller affirma avoir obtenu des résultats positifs, les résultats firent de nouveau figure d'anomalie, mais ils représentaient alors de simples difficultés et non plus un véritable problème. Les résultats de Miller n'étaient qu'une « simple anomalie qu'il convenait d'expliquer et d'écarter ». Il ne pouvait plus faire en sorte que ses résultats fassent figure non plus de difficultés mais de contradictions, alors même qu'ils étaient le produit de l'expérience la plus fiable accomplie jusque-là, la seule peut-être dont on pouvait dire qu'elle avait vraiment permis de vérifier ce que l'on entendait vérifier.

La signification du résultat d'une expérience ne dépend donc pas seulement du soin que l'on a mis à la concevoir et à l'effectuer, mais aussi de ce que les intéressés sont prêts à croire.

Post-scriptum

Dans la communauté scientifique, certains esprits rigoureux sont gênés par des anomalies que la plupart considèrent comme de simples complications. En 1955 encore, une équipe de chercheurs s'employait à analyser de nouveau l'ensemble des expériences pour tenter de concilier les mesures de Miller et l'opinion générale. Ils conclurent que les expériences de Miller avaient été faussées par des variations de température. L'expérience fut reprise ultérieurement. En 1963, on essaya de régler la question en l'effectuant au moyen d'un maser, le précurseur du laser. Bien que, comme nous l'avons expliqué, tout cela soit sans grande pertinence pour la relativité, le débat vient à l'appui de la thèse que nous défendons ici. Michelson et Morley ne pouvaient avoir *prouvé* la relativité, car en 1963 encore, en eux-mêmes et hors du contexte général de la physique, les résultats de leurs expériences n'étaient toujours pas décisifs.

II. Les étoiles se déplacent-elles dans le ciel ?

> La théorie de la relativité a reçu une confirmation plus éclatante encore que ne l'a été la mesure du périhélie de Mercure pour la déflection des rayons lumineux... Quantitativement aussi, l'accord est excellent. (Wolfgang Pauli, *Theory of Relativity,* 1958)
>
> La courbure des rayons lumineux par un champ gravitationnel était une prédiction centrale de la théorie d'Einstein. Elle fut triomphalement vérifiée par Sir Arthur Eddington lors d'une éclipse de Soleil en 1919, quand la mesure du déplacement apparent des étoiles s'accorda exactement avec la valeur théorique calculée par Einstein. (Paul Davis, *Space and Times in the Modern Universe*, 1977).

Les curieux rapports de la théorie, de la prédiction et de l'observation

La théorie de la relativité générale est une affaire complexe. On a dit qu'en 1919 encore, deux personnes seulement étaient capables de la comprendre – Einstein et Eddington. (Empressons-nous d'ajouter que cette affirmation est fondée sur une boutade attribuée à Eddington lui-même.) Même de nos jours, les théoriciens ne sont pas unanimes quant aux implications de la théorie d'Einstein, mais en 1919 le débat allait encore bon train sur ce qu'on pouvait en attendre. On s'accordait toutefois à affirmer qu'en vertu des théories aussi bien de Newton que d'Einstein un champ gravitationnel puissant devait avoir un effet sur les rayons lumineux, mais aussi que l'effet einsteinien devait être plus important que l'effet newtonien. Le problème était de savoir laquelle des deux théories était juste.

Le champ gravitationnel terrestre est bien trop faible pour avoir un effet mesurable sur la lumière, mais celui du Soleil est beaucoup plus important. Le trajet de la lumière émise par les étoiles devrait s'infléchir lorsqu'il le franchit. Dans les directions voisines de celles du Soleil, les étoiles devraient nous apparaître légèrement décalées par rapport à leur position habituelle. Ce décalage devrait être plus important dans le monde tel que le conçoit Einstein que dans celui de Newton. Einstein affirmait qu'en vertu de sa théorie le déplacement des étoiles devrait nous sembler deux fois plus grand qu'il n'était selon celle de Newton, bien que dans les deux cas il reste très minime. Le déplacement apparent d'une étoile dont la lumière effleure le Soleil est du même ordre que le diamètre d'une pièce de cinquante centimes vue à une distance de deux kilomètres. D'après les chiffres, les déplacements escomptés étaient de 0,8 seconde et de 1,7 seconde d'arc selon les deux théories, une seconde étant 1/3 600e de degré. Les déplacements apparents effectivement constatés allaient être cependant beaucoup moins importants – de l'ordre de la moitié – du fait qu'on ne pouvait observer aucune étoile située à une distance du Soleil inférieure à deux fois le diamètre de celui-ci.

D'un point de vue moderne, la détermination théorique de la déviation maximum de la lumière par Einstein est quelque peu problématique. A l'époque, elle avait « semé la confusion chez ceux qui étaient moins experts que lui à trouver la bonne réponse » (Earman et Glymour, 1980, p. 55). Comme dans tant d'expériences délicates, les calculs, quoique obscurs à l'origine, en sont venus à être considérés comme exacts *après* que les observations eurent « vérifié » les prédictions d'Einstein. La démarche scientifique ne consiste pas vraiment à énoncer de claires prédictions théoriques, confirmées ou infirmées ensuite par les faits. A l'inverse, la validation des calculs théoriques est intimement liée à notre aptitude à effectuer les mesures de vérification. La théorie et les mesures marchent main dans la main beaucoup plus subtilement qu'il n'apparaît en général.

Il est utile d'insister sur cette subtile coopération entre la théorie et l'expérience. Einstein avait dit que la théorie de Newton impliquait une déviation, disons, de « N », tandis que la sienne impliquait une déviation de « E ». D'autres (pour des raisons que nous aurions maintenant tendance à juger bonnes) n'étaient pas sûrs que « N » et « E » aient été les implications réelles des deux théories. On ne peut vérifier, étaient-ils fondés à penser, laquelle des deux théories est exacte qu'après s'être assuré des implications de chacune d'elles. Pour prendre un exemple extrême, si la réalité était inverse et que la théorie de Newton impliquait une déviation « E » alors que celle d'Einstein entraînait une déviation « N », les mesures du déplacement apparent des étoiles, aussi exactes soient-elles, risquaient de confirmer la mauvaise théorie. Il convient de distinguer la *théorie* des *prédictions* qui en découlent. En l'occurrence, Eddington effectua des mesures qui s'accordaient avec les prédictions d'Einstein, mais on estima que les résultats confirmaient non seulement ces prédictions mais aussi la *théorie* d'Einstein. En interprétant ainsi ses observations, Eddington semblait confirmer non seulement les prédictions d'Einstein relatives au déplacement réel, mais encore *sa méthode de calcul des prédictions à partir de la théorie* – ce qu'aucune expérience n'est à même de faire.

Ce processus historique paraîtrait éminemment logique dans certaines circonstances. Ainsi, si le déplacement prévu par Einstein avait parfaitement correspondu à la réalité et si les observations d'Eddington avaient abouti aux mêmes résultats et répondu avec précision à l'attente d'Einstein, cette concordance aurait obligé à convenir que ce dernier était sur une bonne piste, même si ni lui ni personne d'autre n'était tout à fait certain de la justesse de ses calculs. Mais les observations d'Eddington, comme beaucoup de mesures scientifiques, n'avaient rien de décisif. Comme nous le verrons, elles étaient très inexactes et certaines étaient contradictoires. Lorsqu'il choisit entre les observations qui devaient être considérées comme des résultats et celles qui devaient être rangées dans la catégorie des « bruits de fond », autrement dit, lorsqu'il choisit entre ce qui devait être conservé et ce qui devait être éliminé, Eddington avait les prévisions d'Einstein fort présentes à l'esprit. Si donc il pouvait prétendre avoir apporté une confirmation aux vues d'Einstein, c'est seulement parce qu'il avait adopté son mode de calcul pour décider de ce que voulaient vraiment dire ses observations, tandis que les calculs d'Einstein n'ont été acceptés que parce que les observations d'Eddington semblaient les confirmer. L'observation et la prédiction étaient liées en un cercle de confirmation mutuelle et non pas indépendantes l'une de l'autre, comme on devrait s'y attendre selon l'idée conventionnelle d'une vérification expérimentale. La réalité est donc qu'on était d'accord pour s'accorder et la situation ne correspondait pas à la séquence théorie-vérification-confirmation. Lorsque nous décrirons les observations effectuées par Eddington, nous verrons précisément à quel point il dépendait de la théorie d'Einstein pour interpréter ses observations.

En quoi consistait l'expérience ?

L'objectif était de comparer la position habituelle des étoiles – en plein ciel – avec leur position apparente lorsque leur lumière frôle le disque solaire. Normalement, les étoiles ne sont pas visibles lorsqu'elles sont près du Soleil, ni même pendant le jour, parce que le Soleil est trop brillant. Elles ne le sont à proximité du Soleil que durant les éclipses solaires. L'ordre de grandeur du déplacement – qu'il soit newtonien ou einsteinien – est si petit que la seule façon de le mesurer est de comparer les photographies d'une région du ciel prises en présence et en l'absence du Soleil. Afin d'effectuer ses observations décisives, on doit attendre une éclipse totale, mais les photographies nécessaires à établir la comparaison doivent être prises plusieurs mois avant ou après, lorsque le Soleil ne se trouve pas dans la région étudiée. En clair, les photos de l'éclipse doivent être prises le jour, mais les photos de comparaison doivent l'être la nuit, seul moment, en dehors de l'éclipse, où les étoiles sont visibles.

Dans une expérience aussi délicate, il est important que les conditions soient le plus semblables possible entre les observations proprement dites et les observations de référence. L'ennui est que celles-ci doivent être effectuées à des époques différentes de l'année, autrement dit que beaucoup de choses ont le temps de changer entre les premières et les secondes. Qui plus est, les photos prises pendant le jour le seront à travers un télescope dont la température sera plus élevée que pour les photos prises la nuit. La différence de distance focale entre un télescope chaud et un télescope froid risque de modifier la position apparente des étoiles dans une mesure comparable à l'effet que l'on doit mesurer. Il existe entre les données observées et celles fournies par les plaques de comparaison bien d'autres différences – calculables, présumables ou inconnues – dues à diverses contraintes mécaniques exercées sur le télescope et susceptibles de faire varier sa distance focale et les rapports entre son axe et la plaque photographique.

Une difficulté supplémentaire tient à ce que les éclipses ne sont généralement visibles qu'à partir de régions reculées de la planète. Or, il est impossible d'y transporter de gros télescopes équipés de leurs mécanismes de régulation. Les télescopes seront donc relativement petits, avec un pouvoir de collecte de la lumière relativement faible. Cela signifie que les temps d'exposition doivent être longs – en l'occurrence de l'ordre de cinq à trente secondes – afin de recueillir assez de lumière stellaire pour que les images soient bien définies. La durée du temps d'exposition entraîne une autre sorte de problèmes. Non seulement on doit maintenir le télescope stable, mais aussi le faire pivoter pour compenser la rotation de la Terre. Les gros télescopes ont une monture complexe et équipée d'un mécanisme sophistiqué permettant de faire pivoter le télescope régulièrement afin de compenser la rotation de la Terre de telle sorte qu'il reste braqué vers le même point céleste. Les montures de ce genre ne peuvent être transportées et installées dans les lieux isolés où les observations doivent être effectuées. Pour les remplacer, on avait recours à des *coléostats*, mécanismes fixés sur un miroir dont le mouvement est réglé par la chute d'un poids et qui réfléchit la lumière vers le télescope. Comme les mécanismes de régulation, ces miroirs coléostats représentaient une nouvelle source de distorsion.

Les contingences climatiques venaient, bien entendu, s'ajouter à tous ces problèmes. Si le ciel était nuageux, tout avait été préparé en pure perte. Les premières expéditions avaient échoué à cause du mauvais temps (d'autres à cause du déclenchement de la Première Guerre mondiale), et, en l'occurrence, les nuages nuisaient au bon fonctionnement de l'un au moins des télescopes d'Eddington même s'ils n'empêchaient pas complètement de l'utiliser.

Heureusement, les chercheurs n'étaient pas entièrement désarmés face à ces difficultés. Les photographies montraient des étoiles proches du Soleil et d'autres qui en étaient éloignées. Théoriquement, ces dernières ne devaient subir aucun déplacement apparent. Les variations de distance focale et autres effets parasites devaient se traduire par le déplacement apparent des étoiles « non déplacées ». Il devait donc être possible de mesurer ces effets indésirables et d'en tenir compte dans les calculs effectués sur les étoiles « réellement déplacées ». Il s'avéra que pour maîtriser tous les effets de distorsion connus, il était nécessaire d'avoir au moins six étoiles « non déplacées » dans le champ. Mais cette étape de l'expérience était elle aussi sujette à erreur. L'évaluation des effets de distorsion dépend des hypothèses relatives à la distribution statistique des erreurs sur les plaques. On comprend mieux maintenant que les observations effectuées par Eddington ne consistaient pas seulement à regarder à travers un télescope et à constater un déplacement ; elles reposaient sur une base complexe d'hypothèses, de calculs et d'interpolations à partir de deux séries de photographies. Et cela serait resté vrai même si les photos avaient été nettes et précises, ce qui n'était pas le cas.

Les expéditions et les observations

Les observations d'Eddington ont en réalité été effectuées par deux équipes séparées, l'une disposant de deux télescopes, l'autre d'un seul. Les deux équipes opérèrent sur deux sites différents. En mars 1918, A. Crommelin et C. Davidson firent voile vers Sobral au Brésil, tandis qu'Eddington et son assistant, E. Cottingham, se rendirent sur l'île de Principe, proche de la côte occidentale africaine. L'équipe de Sobral emporta un « télescope astrographique » et un télescope de dix centimètres. Elle obtint dix-huit plaques photographiques avec le premier et huit avec le second pendant le temps que dura l'éclipse, et ce bien que les plaques du télescope de dix centimètres aient été assombries par les nuages.

L'équipe de Principe n'avait qu'un instrument astrographique. Le jour de l'éclipse était nuageux mais, prenant quand même ses photos, elle obtint seize plaques. Deux seulement étaient utilisables et seules cinq étoiles figuraient sur chacune d'elles. Les deux équipes prirent des photos de comparaison quelques mois plus tard, celle de Sobral au même endroit, celle d'Eddington après son retour à Oxford.

Les meilleures photos – quoique la mise au point n'ait pas été parfaite – étaient celles qui avaient été prises par le télescope de dix centimètres de Sobral. A partir de celles-ci et des photos de comparaison correspondantes, Crommelin et Davidson calculèrent que la déviation de la lumière stellaire tangentielle au Soleil devait être entre 1,86 et 2,1 secondes d'arc (la fourchette étant obtenue par le calcul de l'« erreur probable »), proche de l'estimation d'Einstein qui était de 1,7 seconde. Bien que les plaques astrographiques aient été moins satisfaisantes, l'équipe de Sobral fut en mesure d'effectuer des calculs à partir de 18 d'entre elles et d'obtenir une valeur moyenne estimée de 0,86 seconde, comparable à 0,84, la valeur « newtonienne » (la marge d'erreur n'a pas été communiquée pour cet instrument). Ainsi, en gros, l'un des télescopes venait étayer la théorie newtonienne, tandis que l'autre allait en faveur des prédictions d'Einstein à partir de sa propre théorie. La confirmation apportée à cette dernière était toutefois limitée du fait que le télescope de dix centimètres donnait un résultat manifestement trop élevé ; celle apportée à la théorie newtonienne l'était parce que les photographies données par le télescope astrographique étaient de qualité médiocre.

Les deux plaques rapportées par l'équipe de Principe étaient les plus mauvaises de toutes. Eddington réussit cependant à en tirer des informations en utilisant une technique complexe qui consistait à attribuer une valeur *hypothétique* à l'effet gravitationnel. Il commençait par choisir une valeur intermédiaire entre celles d'Einstein et de Newton, puis reprenait les calculs avec les chiffres d'Einstein. Il est difficile d'estimer la différence entraînée par ces hypothèses, mais il est utile de remarquer que, selon la méthode d'Eddington, le mode de détermination d'Einstein jouait déjà un rôle dans le calcul initial du déplacement apparent. A partir de ces deux plaques photographiques médiocres, Eddington calcula que le déplacement devait être entre 1,31 et 1,91 seconde au ras du Soleil.

Nous pouvons convertir les calculs de l'« erreur probable » des deux groupes en termes modernes d'« écarts quadratiques » et interpoler l'écart quadratique moyen des mesures effectuées avec le télescope astrographique de Sobral. Pour les observations effectuées à Sobral, l'écart quadratique était de 0,178 pour les bonnes plaques et de 0,48 pour le télescope astrographique, tandis qu'il était de 0,444 pour les plaques d'Eddington (valeurs calculées par John Earman et Clark Glymour). En supposant que les erreurs de mesure soient réparties au hasard, le traitement mathématique moderne de ces données permettrait de conclure qu'il y a 10 % de chances seulement que le chiffre réel soit plus éloigné de la valeur moyenne qu'un écart quadratique et demi de part et d'autre. En ayant cela à l'esprit, résumons ce que nous avons trouvé jusqu'ici en utilisant les intervalles de 1,5 écart quadratique.

Intervalles de confiance à 90 % des mesures effectuées à Sobral et Principe

	limite inférieure	***moyenne***	*limite supérieure*
Sobral			
8 bonnes plaques	1,713	**1,98**	2,247
18 mauvaises plaques	0,140	**0,86**	1,580
Principe			
2 mauvaises plaques	0,944	**1,62**	2,276

Si nous oublions la théorie et les calculs, et feignons d'effectuer les mesures dans l'ignorance des hypothèses – ce que nous faisons, après tout, lorsque nous effectuons des « tests en double aveugle » pour vérifier l'efficacité de médicaments ou de quoi que ce soit d'autre – que pouvons-nous conclure ? Nous pouvons dire que les résultats des deux ensembles de plaques de qualité médiocre s'annulent et peuvent être éliminés et que les résultats restants montrent à l'évidence que le déplacement était supérieur à 1,7. Nous pouvons affirmer aussi que les 8 bonnes plaques de Sobral indiquaient un déplacement situé entre un peu plus de 1,7 seconde et un peu moins de 2,3 ; les deux plaques médiocres d'Eddington, un déplacement intermédiaire entre un peu plus de 0,9 et un peu moins de 2,3 ; les deux plaques médiocres de Sobral, enfin, un écart situé entre un peu plus de zéro et un peu moins de 1,6. Dans tous les cas, il était difficile de fournir une réponse précise. Cependant, le 6 novembre 1919, l'astronome royal proclamait que les observations avaient confirmé la théorie d'Einstein.

Interprétation des résultats

Pour que les résultats soient, à tout le moins, jugés pertinents, il fallait établir qu'il n'y avait que trois concurrents au départ de la course : aucune déviation, la déviation newtonienne et la déviation einsteinienne. Si d'autres déplacements étaient possibles dans le cadre des hypothèses, alors les observations viendraient apporter une confirmation plus grande encore à l'une ou l'autre d'entre elles. Si, par exemple, on supposait un déplacement théorique de l'ordre de deux secondes, on pouvait alors prétendre que les lectures les plus précises – celles du télescope de dix centimètres de Sobral – venaient confirmer ce résultat. Il y avait à l'époque d'autres hypothèses concurrentes, mais la rhétorique du débat les excluait et offrait le choix entre trois possibilités seulement – 0,0, 0,8 et 1,7.

Éliminons maintenant les autres concurrents. Les résultats penchent-ils sans ambiguïté du côté d'Einstein ? La réponse est négative. Pour que les observations viennent donner raison à Einstein, Eddington et les autres considérèrent que les résultats obtenus avec le télescope de Sobral de dix centimètres constituaient la découverte essentielle et que les deux plaques de Principe la confirmaient, tout en ignorant les dix-huit plaques obtenues avec l'instrument astrographique de Sobral. Dans le débat qui suivit la proclamation de l'astronome royal, les questions de prestige occupaient, semble-t-il, le devant de la scène. Le 6 novembre 1919, sir Joseph Thomson, président de la Royal Society, remarquait lors d'une réunion : « Il est difficile au public de peser pleinement la signification des chiffres qui ont été portés à notre connaissance, mais l'astronome royal et le professeur Eddington ont étudié soigneusement les données et ils considèrent qu'elles témoignent manifestement en faveur de la valeur de déplacement la plus importante. » (Cité dans Earman et Glymour, 1980, p. 77.)

En 1923, un commentateur américain, W. Campbell, écrivait :

> Le professeur Eddington avait tendance à attribuer un poids considérable aux données africaines, mais les rares images révélées par les quelques plaques astrographiques n'étant pas aussi bonnes que celles obtenues à partir des plaques astrographiques du Brésil, et la place accordée aux résultats fournis par ces dernières ayant été quasiment négligeable, la logique de cette attitude ne nous paraît pas des plus claires. (Cité dans Earmen et Glymour, 1980, p. 78.)

Eddington justifiait le peu d'importance donnée aux résultats astrographiques de Sobral en affirmant qu'ils étaient entachés d'« erreur systématique » – qu'il y avait eu un problème particulier dont la conséquence était que les erreurs n'étaient pas distribuées au hasard autour d'une moyenne, mais que, systématiquement, chaque lecture donnait un chiffre trop bas. Si cela avait été vrai des observations astrographiques de Sobral et non des deux autres ensembles de mesures, Eddington aurait été pleinement fondé à traiter les résultats comme il l'avait fait. Il apparaît cependant qu'il était alors incapable de fournir une preuve convaincante montrant que tel était bien le cas.

Eddington gagna finalement la partie en rédigeant les études de référence qui décrivaient les travaux et montraient leur signification. Il y passait sous silence les dix-huit plaques photographiques produites au moyen de l'instrument astrographique de Sobral et y mentionnait seulement le chiffre de 1,98 obtenu grâce au télescope de dix centimètres et celui de 1,61 tiré de ses deux plaques. Lorsqu'on ne dispose que de ces deux données pour établir une comparaison avec la prévision newtonienne – de l'ordre de 0,8 – et celle effectuée sur les bases de la théorie d'Einstein – 1,7 environ –, la conclusion s'impose. Pourtant rien de décisif ne ressortait des observations elles-mêmes jusqu'à ce qu'Eddington, l'astronome royal et le reste de la communauté scientifique aient arrêté *a posteriori* la signification que l'on devait donner aux observations. En clair, il leur avait fallu décider lesquelles d'entre elles devaient être conservées et lesquelles devaient être éliminées pour qu'il soit possible de dire à quels résultats elles avaient abouti.

Entre 1922 et 1952, dix observations supplémentaires furent effectuées à l'occasion d'éclipses solaires. Une seule, celle de 1929, permit d'observer une étoile située à une distance du Soleil inférieure à deux fois le diamètre de celui-ci et elle indiqua que le déplacement des rayons tangentiels devait être de 2,24 secondes d'arc. La plupart des neuf autres résultats étaient eux aussi dans la partie haute de la « fourchette ». Bien qu'il y ait d'autres raisons de croire à l'exactitude de la prévision d'Einstein, la preuve de la courbure imprimée aux rayons stellaires par le Soleil, jusqu'en 1952 du moins, n'a guère été concluante ou a reposé sur une valeur trop élevée pour s'accorder à la théorie. Et pourtant, 1919 reste une date charnière dans l'histoire de la relativité. Ne serait-ce pas parce que, pour conserver son image héroïque, la science a besoin de ces temps forts où l'on « prouve » quelque chose ?

Conclusion

Rien de tout cela ne signifie pour autant qu'Einstein se trompait et que les expériences effectuées au moment de l'éclipse n'ont pas représenté un moment fascinant et crucial de l'extraordinaire transformation subie par notre perception de la Nature au XXe siècle. Mais nous devons seulement savoir en quoi consistent ces expériences. L'image que l'on se fait de la déduction quasi logique d'une prédiction à partir de la théorie, suivie d'une vérification expérimentale décisive, est tout simplement fausse. Nous avons vu en revanche en quoi théorie et expérience contribuaient à une mutation culturelle, mutation qui constitue tout autant l'assentiment donné à une certaine manière d'observer le monde que la conséquence de ces observations.

La façon dont les observations de 1919 s'articulent avec

l'expérience de Michelson et Morley devrait nous apparaître clairement. Elles s'étayaient mutuellement. La relativité gagnait du terrain en expliquant l'anomalie de Michelson-Morley. Parce que la relativité était en position forte, elle s'imposait comme la norme naturelle à partir de laquelle interpréter les observations de 1919. Celles-ci confortant à leur tour la théorie de la relativité, la norme était devenue encore plus contraignante lorsqu'on l'appliqua aux observations effectuées par Miller en 1925.

Dans le même temps, d'autres vérifications de la théorie de la relativité étaient opérées qui contribuaient autant à étayer ces premières expériences qu'à se renforcer mutuellement. On observa, par exemple, le phénomène du « décalage vers le rouge ». Il résulte de la théorie d'Einstein que la lumière émise par le Soleil doit être affectée par le champ gravitationnel du Soleil lui-même, de telle manière que toutes les longueurs d'ondes doivent être légèrement décalées vers l'extrémité rouge du spectre. Le calcul des prédictions quantitatives présentait ici de plus grandes difficultés encore que celui de l'incurvation des rayons lumineux. Les observations expérimentales effectuées tant avant qu'après 1919 étaient encore moins concluantes. Cependant, après que l'interprétation des observations réalisées au moment de l'éclipse eut été faite nettement en faveur d'Einstein, les chercheurs commencèrent tout à coup à voir la confirmation du déplacement des raies spectrales vers le rouge dans ce qui n'avait été pour eux jusque-là qu'une source de confusion. Tout comme dans le cas du rayonnement gravitationnel dont nous parlerons au chapitre 5, l'affirmation d'une conclusion décisive apportait des raisons décisives d'aboutir à cette conclusion. Dès que le germe du cristal fut disponible, la cristallisation de la nouvelle culture scientifique s'opéra à une vitesse stupéfiante. Les doutes que soulevait le phénomène du décalage vers le rouge se changèrent en certitude. John Earman et Clark Glymour, à qui nous avons emprunté une grande partie de notre exposé des observations effectuées par Eddington, voient les choses ainsi :

> Il y avait toujours eu quelques raies spectrales que l'on pouvait considérer comme déplacées autant que l'exige la théorie d'Einstein ; la seule chose qui manquait pour accepter ce décalage était la volonté d'éliminer la plus grande partie des observations et l'ingéniosité nécessaire pour forger les arguments qui justifieraient cette élimination. Les résultats des observations de l'éclipse donnèrent cette volonté aux spécialistes de la spectroscopie solaire. Avant 1919, personne ne prétendait avoir obtenu le déplacement prédit des raies spectrales ; mais dans l'année qui suivit la publication des résultats de l'éclipse, plusieurs chercheurs affirmèrent avoir constaté l'effet décrit par Einstein. Le déplacement des raies spectrales était confirmé parce que des savants réputés s'accordaient à écarter une bonne partie des observations. Ils l'avaient fait en partie parce qu'ils croyaient en la théorie, et ils croyaient en celle-ci, là encore au moins en partie, parce qu'ils étaient convaincus que les expéditions scientifiques britanniques au moment de l'éclipse l'avaient confirmée. Ces expéditions ne venaient maintenant confirmer la théorie que si l'on éliminait une partie des observations et ignorait les contradictions inhérentes à celles qui restaient. (Earman et Glymour, 1980, p. 85).

Ainsi, Eddington et l'astronome royal procédèrent à leurs propres éliminations et ignorèrent les contradictions qui subsistaient, ce qui autorisait d'autres éliminations et d'autres contradictions, conduisant elles-mêmes à des conclusions qui justifiaient encore davantage les premières. Ce qui vaut pour l'un ou l'autre de ces groupes d'observations vaut *a fortiori* pour toutes les autres vérifications de la théorie de la relativité effectuées à peu près à la même époque. Aucune d'entre elles, considérée en elle-même, n'était décisive, mais à elles toutes, elles formaient un mouvement qui emportait les réticences. Ainsi la culture scientifique se retrouva-t-elle transformée en ce que nous considérons aujourd'hui comme la vérité concernant l'espace, le temps et la gravitation. Si l'on compare ce processus, disons, avec l'imposition sur le mode politique d'un consensus scientifique à partir du centre – à la manière de ce qui se produisait en Union soviétique – il apparaît remarquablement « scientifique », car les chercheurs adoptent librement une position consensuelle, ne laissant en dehors qu'une petite minorité d'irréductibles. Si on le compare, en revanche, avec la notion idéalisée de « méthode » scientifique, dans laquelle les expériences objectives empêchent que les partis pris de l'observateur influent sur les observations, elle apparaît beaucoup plus proche de la politique.

Nous n'avons aucune raison de croire que la théorie de la relativité ne correspond pas à la vérité ; et c'est une magnifique, captivante et surprenante vérité – mais c'est une vérité qui est née de décisions sur la manière dont il nous faut mener notre vie de chercheur, et authentifier nos expériences ; c'est une vérité née d'un accord sur la manière de s'accorder sur des faits nouveaux. Ce n'est pas une vérité qui nous a été imposée par la logique inexorable d'un ensemble d'expériences décisives.

Appendice

En histoire, comme en science, les faits ne parlent pas d'eux-mêmes. L'interprétation des données que les professeurs Earman et Glymour sembleraient fournir risque de ne pas être parfaitement conforme à la conclusion de ce livre. C'est parce que Earman et Glymour adhèrent à des conceptions passablement différentes des nôtres quant à la nature de la science que nous avons particulièrement veillé à ne pas trahir leur exposé. Nous avons simplifié et clarifié chaque fois que nous l'avons pu, tout en faisant de notre mieux pour éviter tout risque de déformer leur matériau.

La partie de ce chapitre qui reste la plus fidèle à l'original de Earman et Glymour commence avec la section « En quoi consistait l'expérience ? » et se termine à la page 76 avec la phrase : « Il apparaît cependant qu'il était alors incapable de fournir une preuve convaincante montrant que tel était bien le cas. » Ailleurs, une plus grande place est donnée à d'autres sources et à nos propres interprétations.

Il semble juste cependant de citer la conclusion d'Earman et Glymour :

> Cette étrange série de raisons suffira peut-être à désespérer ceux qui voient en la science un modèle d'objectivité et de rationalité. Ils devraient cependant trouver une consolation dans le fait que la théorie à laquelle Eddington a donné toute sa confiance parce qu'il la trouvait belle et profonde – et, peut-être aussi, parce qu'il croyait qu'il valait mieux pour tout le monde qu'elle fût vraie –, que cette théorie, à notre connaissance, détient toujours la vérité en matière d'espace, de temps et de gravité (p. 85).

Si ce passage est bien compris, nous ne voyons quant à nous aucune raison d'y retrancher quoi que ce soit.

3. Le Soleil dans une éprouvette : l'histoire de la fusion froide

Lorsque, le 23 mars 1989, Martin Fleischmann et Stanley Pons, deux chimistes de l'université de l'Utah, annoncèrent à la presse qu'ils avaient obtenu une réaction de fusion – la domestication de l'énergie de la bombe à hydrogène – dans une éprouvette, ils déclenchèrent une véritable ruée vers l'or scientifique. Et cet or se trouvait partout – en tout cas dans n'importe quel laboratoire convenablement équipé.

Le dispositif était relativement simple (voir figure 4) : dans un vase contenant de l'eau lourde (semblable à l'eau ordinaire, mais dont les atomes d'hydrogène sont remplacés par des atomes d'« hydrogène lourd », isotope appelé aussi deutérium), deux électrodes, cathode en palladium et anode en platine. Une petite quantité d'un sel, le deutéroxyde de lithium, était ajouté à l'eau lourde pour rendre le liquide conducteur. Bien que ces substances soient d'un usage peu fréquent et assez coûteuses, la plupart des scientifiques les connaissent bien ; le dispositif expérimental n'a en outre rien d'extraordinaire. En soumettant alors cette « cellule » à une faible différence de potentiel pendant plusieurs centaines d'heures, on trouverait l'or : l'énergie de fusion. Les atomes d'hydrogène avaient fusionné pour donner de l'hélium en libérant de l'énergie ; c'est ainsi que le Soleil produit la sienne. Les signes indiquant que la fusion avait eu lieu seraient un dégagement de chaleur et des sous-produits nucléaires tels des neutrons – particules subatomiques – et de l'hydrogène super-lourd, le tritium, à l'état de traces.

Pons et Fleischmann ajoutèrent à l'exposé de leur succès une

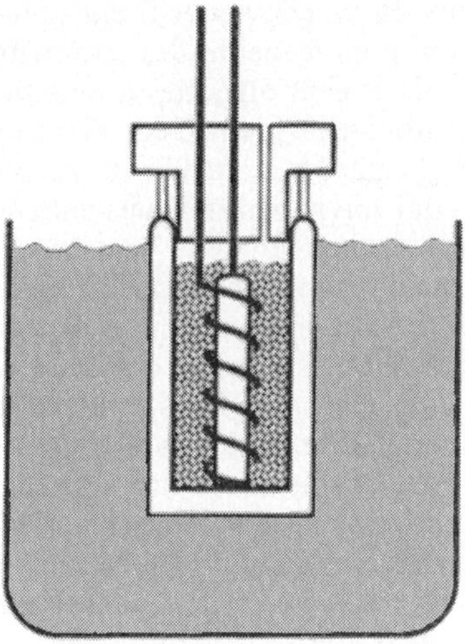

Figure 4. Cellule de fusion froide
(redessinée par Steven W. Allison d'après Close, 1991)

remarque énigmatique. Ils avertirent que l'expérience ne devait être réalisée qu'à petite échelle. Une précédente cellule avait mystérieusement explosé en vaporisant le palladium et fait un grand trou dans la paillasse en béton du labo. L'incident s'était heureusement produit pendant la nuit et il n'y avait pas eu de blessés.

L'expérience paraissait simple et une foule de chercheurs voulaient la tenter. Beaucoup le firent. Il était excitant d'avoir à effectuer une expérience aussi simple après s'être évertué pendant des décennies de maîtriser la fusion thermonucléaire. Cela avait exigé des équipements de plusieurs milliards de dollars dont chaque essai paraissait devoir être compromis par un revers inattendu. La « fusion froide » ouvrait, semblait-t-il, une « autre voie », celle de la science « sur un coin de table », comme le déclara Martin Fleischmann lors de cette fameuse conférence de presse de l'Utah.

Les chercheurs du monde entier firent immédiatement des pieds et des mains pour recueillir des informations sur l'expérience. Les détails étaient difficiles à obtenir. Télécopieurs, messageries électroniques, journaux et télévisions étaient de la partie. Certains chercheurs n'attendirent pas plus ample information. La nuit qui suivit, des étudiants entreprenants du MIT tentèrent les premiers de reproduire l'expérience en se fondant sur l'enregistrement vidéo d'un scoop télévisé au cours duquel le dispositif était apparu rapidement. Ces expériences n'avaient guère de chances de réussir du fait que les conditions exactes dans lesquelles avaient opéré Pons et Fleischmann n'étaient pas encore connues. Comme les expériences sur le dressage des vers décrites au chapitre 1, la fusion froide devait souffrir de son apparente simplicité – du moins dans les premiers jours, avant que les chercheurs aient pris la mesure de la complexité que pouvait présenter une pile électrolytique palladium-deutérium. Moins d'une semaine plus tard, on put disposer d'un manuscrit photocopié décrivant les détails techniques de l'expérience. Les tentatives de reproduction commencèrent pour de bon. On s'arracha les maigres réserves de palladium et on fouilla partout pour trouver les pièces du dispositif. Certains passaient leurs nuits à peaufiner leur pile électrolytique. On n'avait jamais vu pareille effervescence ni dans le monde scientifique ni dans celui de la presse qui diffusait à jet continu les nouvelles et informait des ultimes progrès accomplis. Les chercheurs se bousculaient pour annoncer sur les médias leurs dernières découvertes et leurs pronostics, en une véritable bataille de conférences de presse scientifiques.

Et pendant un certain temps, on eut l'impression que la fusion froide était une réalité. A la surprise générale, dans la semaine qui suivit la première déclaration de presse, il apparut clairement qu'il n'y avait pas eu une seule équipe à avoir travaillé sur la fusion froide dans l'Utah, mais deux. La seconde opérait à proximité de l'université Brigham Young et elle aussi avait obtenu des résultats positifs au cours des trois années précédentes. Cette équipe, dirigée par le physicien Steven Jones, n'avait pas constaté d'important dégagement de chaleur, mais avait détecté une émission de neutrons (quoique en quantité inférieure à celle annoncée par Pons et Fleischmann). Les deux équipes avaient communiqué leurs résultats à la prestigieuse revue scientifique *Nature*.

L'université A&M du Texas ne tarda pas à annoncer aux médias impatients qu'elle aussi avait constaté un fort dégagement de chaleur. Puis Georgia Tech déclara avoir observé des neutrons. On faisait état de résultats positifs obtenus en Hongrie et dans d'autres pays d'Europe de l'Est et des rumeurs de réussites semblables circulaient dans tout le monde scientifique. Les Japonais, quant à eux, devaient lancer un vaste programme de détection.

L'université d'Utah avait déposé des brevets au nom de Pons et de Fleischmann. La déclaration de presse prématurée, avant la publication des résultats dans une revue scientifique, entorse à l'étiquette scientifique qui devait être reprochée aux deux chercheurs, s'explique bien sûr en partie par le souci qu'avait l'université de l'Utah de garantir son antériorité sur l'équipe voisine de l'université Brigham Young. Lorsque l'assemblée de l'État vota une aide de cinq millions de dollars pour favoriser les recherches sur la fusion froide, l'Utah sembla vouloir devenir le centre de la nouvelle ruée vers l'or. Vingt-cinq millions supplémentaires furent demandés au Congrès. Le président Bush lui-même était tenu informé des nouveaux développements.

Mais le doute fit son apparition. Le bruit se répandit que Georgia Tech avait commis une erreur ; il s'avéra que leur détecteur de neutrons était sensible à la chaleur. Le dégagement de chaleur constaté par Texas A&M s'expliquait par une mise à la terre défectueuse de l'instrument de mesure. Des équipes du MIT et des laboratoires nationaux comme Lawrence Livermore et Oak Ridge n'avaient encore rien trouvé. L'article de Pons et Fleischmann fut mystérieusement retiré de *Nature* et le Congrès décida de suspendre sa décision quant à l'octroi des vingt-cinq millions de dollars.

Lorsque la Société américaine de physique tint congrès au mois de mai à Baltimore, entourée du battage médiatique habituel, les critiques redoublèrent. Une équipe du MIT affirma que Pons et Fleischmann n'avaient pas correctement interprété ce qu'ils croyaient être la preuve de l'émission de neutrons ; une équipe prestigieuse du California Institute of Technology (Cal Tech) fit état de tentatives de reproduction détaillées, toutes négatives, et sema le doute quant à la correction des mesures de l'excès de chaleur effectuées dans l'Utah. Enfin, un théoricien de Cal Tech déclara que la fusion froide était extrêmement improbable au plan théorique et accusa Pons et Fleischmann de falsification et d'incompétence. Les deux chercheurs de l'Utah n'étaient pas venus se défendre, mais Steven Jones, de l'autre équipe pionnière, était présent. Malheureusement, lui aussi prit ses distances vis-à-vis des travaux de Pons et Fleischmann et déclara qu'il avait des doutes quant à la fiabilité des mesures du dégagement de chaleur.

Pour la majorité des physiciens rassemblés, déjà sceptiques quant à la possibilité que des chimistes aient pu renverser leurs hypothèses favorites concernant la physique de la fusion, trop c'était trop. L'Eldorado était devenu un marché de dupes ou, du moins, c'est la tournure que prenaient les choses. Ainsi que nous le verrons, comme pour la plupart des épisodes examinés dans ce livre, il y a beaucoup à dire sur la question – beaucoup plus.

Fusion : une approche de « coin de table »

On peut retracer l'essor et le déclin de la fusion froide en suivant l'évolution du prix du palladium. Le 23 mars 1989, juste avant l'annonce de la découverte, son prix était de 145,60 dollars l'once (31 grammes). En mai 1989, au plus fort de la frénésie provoquée par la fusion froide, il atteignait 170 dollars.

Le prix chuta après le congrès de Baltimore ; en octobre 1992 il était tombé à 95 dollars.

C'est le palladium, ou plus exactement une de ses propriétés, qui a suscité les recherches sur la fusion froide. On sait que ce métal a une capacité surprenante d'absorption de l'hydrogène. Si un morceau de palladium est « chargé » d'autant d'hydrogène qu'il en peut absorber, la pression à l'intérieur de son réseau cristallin augmente de façon extraordinaire. Peut-être était-il possible, sous une pression aussi forte, de vaincre l'obstacle normal constitué par la charge positive des noyaux (appelé *barrière coulombienne*) qui empêche ceux-ci de se rapprocher pour réaliser la fusion. C'était un pari difficile, mais, avant Pons et Fleischmann, des chercheurs avaient déjà essayé de faire fusionner des noyaux d'hydrogène de cette manière.

Dans les années 1920, peu après la découverte de la structure atomique de la matière, deux chimistes allemands de l'université de Berlin tentèrent de provoquer la fusion de l'hydrogène à l'aide de palladium. Fritz Paneth et Kurt Peters ne s'intéressaient pas à la fusion en tant que source d'énergie, mais pour son produit, l'hélium, qui était utilisé dans les dirigeables. L'industrie allemande cherchait d'urgence de nouveaux moyens de fabriquer de l'hélium, car les États-Unis, le principal fournisseur, refusait d'en vendre à l'Allemagne depuis la Première Guerre mondiale. Paneth et Peters, connaissant l'affinité du palladium pour l'hydrogène, mirent au point une expérience dans laquelle ils faisaient passer de l'hydrogène au-dessus de palladium chauffé au rouge. Ils affirmèrent avoir détecté la présence d'hélium en petites quantités. Malheureusement, ils s'aperçurent par la suite que cet hélium provenait probablement du gaz contenu dans les parois en verre de leur appareil. Cependant, leurs travaux furent repris par un autre chercheur et inventeur, John Tandberg, un Suédois qui travaillait à l'Electrolux Corporation Laboratory de Stockholm.

Tandberg avaient des idées remarquablement proches de celles qu'auront Pons et Fleischmann soixante ans plus tard, ou c'est du moins ce qu'il semble avec le recul. En 1927, il avait déposé une demande de brevet pour un procédé de fabrication de l'hélium par électrolyse de l'eau au moyen d'une cathode en palladium. Dans ce procédé, l'hydrogène produit à la cathode pénétrait dans le réseau cristallin du palladium et, grâce aux pressions énormes provoquées par l'absorption, y entrait en fusion pour donner de l'hélium. C'est en tout cas ce qu'il affirmait. La seule différence importante entre le système de Tandberg et celui de Pons et Fleischmann était l'utilisation de l'eau légère comme électrolyte. Le brevet de Tandberg fut rejeté car sa description fut jugée trop sommaire. Néanmoins, après la découverte du deutérium (dans les années 1930), Tandberg poursuivit ses travaux et chercha à produire la fusion dans un fil de palladium saturé de deutérium par électrolyse. Il semble n'avoir guère obtenu de résultats, du moins en ce qui concerne la production d'hélium.

Pons et Fleischmann n'étaient pas au fait de ces travaux antérieurs lorsqu'ils commencèrent leurs expériences en 1984. Martin Fleischmann est l'un des plus éminents électrochimistes britanniques. Stanley Pons, l'Américain, avait étudié à l'université de Southampton quand il préparait son doctorat, et c'est là que Fleischmann et lui s'étaient rencontrés. Fleischmann, qui avait occupé la chaire Faraday de professeur d'électrochimie à Southampton, avait la réputation d'appartenir à cette catégorie de scientifiques qui aiment poursuivre des recherches à haut risque et défendre des idées et des méthodes audacieuses et novatrices. C'est ainsi qu'il avait en fait bâti sa carrière et les risques avaient parfois payé. Fleischmann avait fait un certain nombre de découvertes importantes, mérites reconnus par son admission à la Royal Society en 1986.

La présence de Fleischmann dans l'Utah en 1989 était liée à la politique du Premier ministre Margaret Thatcher. La réduction des financements accordés aux universités britanniques en 1983 avait contraint Fleischmann à prendre une retraite anticipée à l'université de Southampton (où il conservait une fonction non rémunérée). Il poursuivit ses recherches en indépendant et fit équipe avec Pons, devenu entre-temps chercheur à part entière et productif et qui dirigeait le département de chimie de l'université de l'Utah. Pons avait quarante-six ans, Fleischmann soixante-deux, quand ils annoncèrent leur découverte. Pons avait lui aussi une réputation de chercheur capable de prendre des risques avec succès. Fleischmann et lui étaient bien conscients de ce que la fusion froide n'était pas une mince affaire. Ils consacrèrent 100 000 dollars de leurs propres deniers à leurs premières expériences, espérant détecter au moins des traces de tritium et peut-être quelques neutrons. Les quantités considérables de chaleur dégagée qu'ils relevèrent constituaient une surprise totale.

L'entrée en lice de Jones

On ne peut comprendre la raison de la communication du 23 mars sans évoquer les travaux de l'autre équipe de l'Utah, dirigée par Steven Jones à l'université Brigham Young. Alors que la communauté scientifique ne connaissait guère les travaux de Pons et Fleischmann sur la fusion froide, elle suivait les progrès accomplis par Jones depuis plusieurs années. En 1982, Jones et ses collègues avaient entrepris des recherches importantes et cherché à obtenir une fusion provoquée par des particules subatomiques produites par l'accélérateur de Los Alamos. Ils avaient recueilli beaucoup plus de signes révélateurs de cette fusion que la théorie ne l'avait laissé espérer, mais insuffisants encore pour en faire une source d'énergie viable. Comme les recherches sur la fusion thermonucléaire, la fusion déclenchée par des particules était malheureusement loin de produire un dégagement de chaleur suffisant à une exploitation commerciale.

Jones s'était ensuite employé à étudier comment de très hautes pressions pouvaient favoriser la fusion d'isotopes d'hydrogène. Il fit un pas décisif en 1985 lorsque Paul Palmer, géophysicien à

Brigham Young, attira son attention sur la quantité anormalement importante d'hélium léger (hélium ^3He) rencontrée à proximité des volcans. D'après Palmer et Jones, cela pouvait s'expliquer par la présence dans l'eau ordinaire de deutérium, qui subissait une réaction de fusion froide déclenchée par les processus géologiques internes de la Terre.

Les chercheurs de Brigham Young poursuivaient leur idée et tentèrent de reproduire les processus géologiques en laboratoire. Ils étaient à la recherche d'un métal contenu à l'état de traces dans la roche qui aurait été susceptible de catalyser les réactions de fusion. Ils mirent au point une pile électrolytique à peu près semblable à celle de Tandberg et essayèrent divers matériaux pour les électrodes. Ils ne tardèrent pas à opter eux aussi pour le palladium qui, avec sa capacité d'absorption exceptionnelle de l'hydrogène, était le plus approprié. Ils fabriquèrent un détecteur à neutrons extrêmement sensible capable de mesurer toute fusion éventuelle. En 1986, ils commencèrent à observer des neutrons à des taux légèrement supérieurs au « bruit de fond ». En 1988, à l'aide d'un détecteur amélioré, ils étaient convaincus d'avoir obtenu la preuve définitive de la production de neutrons.

Jones avait mené ces recherches sans être au courant de la démarche analogue entreprise à l'université de l'Utah toute proche. Il entendit parler des expériences de Pons et Fleischmann pour la première fois en septembre 1988 lorsqu'il reçut, pour avis, la demande de subvention qu'ils déposaient devant le ministère de l'Énergie (Pons et Fleischmann avaient enfin décidé que leurs travaux méritaient de bénéficier des fonds publics).

Il est dommage pour les deux équipes que leurs travaux aient été menés à aussi peu de distance. Compte tenu des retombées commerciales évidentes qu'il y avait à la clé et de la nécessité de se couvrir par des brevets, on comprend qu'une certaine rivalité et une certaine suspicion soient nées entre les deux équipes. On ne sait toujours pas exactement sur quoi elles s'étaient mises d'accord en vue d'une publication commune de leurs résultats.

Il semble qu'au début de 1989 Pons et Fleischmann espéraient que Jones s'abstiendrait de publier pendant un certain temps (peut-être dix-huit mois), ce qui leur donnerait le temps d'affiner leurs mesures. Ils étaient apparemment certains d'avoir constaté un fort dégagement de chaleur, mais n'étaient pas sûrs qu'il fût d'origine nucléaire. Des mesures sommaires indiquaient une émission de neutrons, mais des mesures plus précises étaient nécessaires. Fleischmann envisagea même d'expédier par avion une pile à fusion froide au laboratoire Harwell en Angleterre où il était conseiller et où se trouvaient des détecteurs à neutrons extrêmement sensibles. Malheureusement, on estima que la pile présentait des risques de radiation et elle ne put franchir les frontières. A la suite de quoi Pons et Fleischmann affirmèrent qu'ils étaient à même de détecter indirectement la présence de neutrons en observant les interactions avec l'eau qui servait à protéger la pile. Ce sont ces mesures effectuées à la hâte qui furent par la suite contestées par l'équipe du MIT et constituèrent le talon d'Achille des héros de l'Utah.

L'imminence du communiqué de Jones maintenait Pons et Fleischmann sous pression. Bien que le premier ait annulé un séminaire prévu pour le mois de mars, il projetait d'annoncer ses résultats lors du congrès de l'Association américaine de physique du 1er mai. Afin de ne pas perdre l'antériorité, Pons et Fleischmann convinrent avec Jones de publier en mars dans *Nature* des articles séparés émanant des deux équipes.

En mars, cependant, la communication entre les groupes s'interrompit. Alors même qu'il avait été prévu que Jones ne prendrait la parole qu'au mois de mai, ses conclusions furent rendues publiques plus tôt. Pons et Fleischmann se crurent donc autorisés, semble-t-il, à publier seuls. L'équipe de l'université de l'Utah craignait en outre que Jones pût leur dérober leurs conceptions relatives au fort dégagement de chaleur, puisqu'il avait eu connaissance de ses travaux par le biais de la demande de subventions adressée au ministère de l'Énergie. En demandant à Pons un article sur ses derniers travaux, l'éditeur du *Journal of Electrochemistry* vint encore compliquer les choses. Pons rédigea immédiatement un compte rendu de ses expériences sur la fusion froide qu'il communiqua à la revue. C'est cet article (publié en avril 1989) qui devait par la suite être largement diffusé et fournir les premiers détails techniques des expériences.

Sous la pression croissante exercée par l'administration de l'Utah, Pons et Fleischmann décidèrent de poursuivre et de donner une conférence de presse le 23 mars, le jour précédant l'envoi de la communication simultanée à *Nature*. Une fuite due à Fleischmann auprès d'un journaliste britannique explique que le premier compte rendu de la découverte ait été publié par le *Financial Times* le matin du 23 mars. Le monde de la presse fut donc le premier à se rendre dans l'Utah. Aucune mention ne fut faite de l'autre équipe durant la conférence de presse.

Jones, rendu furieux à la fois par la conférence de presse et par la nouvelle qu'un article avait déjà été publié, estima que l'accord était caduc et expédia immédiatement son propre article à *Nature*. Rien ne symbolise mieux le défaut d'entente entre les deux équipes que l'image de Marvin Hawkins (étudiant qui travaillait avec Pons et Fleischmann) attendant tout seul à l'heure prévue, le 24 mars, dans le service d'expédition des colis express de Salt Lake City, la venue d'un membre de l'équipe de Jones. Personne ne vint et l'article de Pons et Fleischmann fut expédié tout seul.

La controverse

Ce sont les résultats obtenus par Pons et Fleischmann qui déclenchèrent la controverse sur la fusion froide. Les concentrations de neutrons constatées par Jones étaient d'un ordre de grandeur inférieur et il n'a jamais prétendu avoir observé un dégagement de chaleur important. Par ailleurs, les résultats qu'il avait obtenus ne posaient pas les mêmes problèmes théoriques. Enfin, contrairement à Pons et Fleischmann, Jones se faisait un devoir de minimiser l'aspect commercial de l'entreprise.

Le perte de crédibilité subie par les découvertes scientifiques lorsque leurs auteurs sont involontairement impliqués dans une controverse est mise en évidence par l'accueil réservé aux résultats obtenus par Jones. Eu égard à sa réputation solidement établie dans ce domaine, aux conséquences théoriques minimes qu'entraînaient ses résultats et à la modestie avec laquelle il les présentait, rares étaient ceux qui doutaient que, si l'intervention de Pons et Fleischmann n'était venue contrarier ses projets, Steven Jones serait sans doute parvenu sans encombre à établir un fait naturel intéressant – la fusion de petites quantités de deutérium dans le palladium.

En dépit de ses efforts pour se démarquer de l'équipe rivale, Jones avait été inévitablement l'objet des mêmes suspicions. La réalité de ses mesures de l'émission de neutrons était mise en doute et la question de savoir s'il avait ou non observé une fusion ne faisait pas l'unanimité.

Contrairement à lui, Pons et Fleischmann ne s'étaient pas encore forgé de réputation dans le domaine de la fusion ; c'était des chimistes et non des physiciens. Ce qu'ils affirmaient était en outre théoriquement impossible aux yeux de la plupart des physiciens. Non seulement il apparaissait hautement improbable que la fusion se fût produite, mais encore, si l'ensemble du dégagement de chaleur était dû à une *fusion*, le flux de neutrons émis aurait été plus que suffisant pour tuer Pons, Fleischmann et quiconque se serait trouvé à proximité de leurs piles. En bref, la fusion n'avait pu se produire, et si elle l'avait fait, ils ne seraient plus là pour la décrire. C'est ce que l'on pouvait appeler un argument massue !

Il ne fait guère de doute qu'en entendant la nouvelle, le 23 mars, les spécialistes de la question se soient montrés réservés. Voilà un échantillon de leurs réactions : « Imaginez que vous soyez ingénieur en aéronautique spécialisé dans la conception des avions à réaction et que vous appreniez en écoutant les nouvelles sur CBS que quelqu'un a inventé un engin antigravité… » (Cité dans Mallove, 1991, p. 41.) Un autre fit cette remarque : « Je suis sans préjugés, mais il est vraiment inconcevable qu'il y ait là quoi que ce soit de réel. » (*Ibid.*, p. 41.)

Cette attitude sceptique était pour partie celle des chercheurs spécialisés dans la fusion, habitués aux déclarations tonitruantes qui ne tardaient pas à se révéler erronées. Dans ce domaine, les histoires de ce genre ne manquaient pas et ils étaient très circonspects face aux affirmations extravagantes. Pour eux, la solution des problèmes énergétiques de la planète grâce à une percée dans la maîtrise de la fusion avait à peu près autant de chances d'être réelle que les proclamations épisodiques de ceux qui prétendent avoir renversé la théorie de la relativité d'Einstein.

Bien que les spécialistes de la fusion, accoutumés aux déclarations spectaculaires et soucieux de défendre les milliards de dollars de leurs propres programmes de recherches, se soient montrés incrédules, d'autres chercheurs étaient plus enclins à prendre ces travaux au sérieux. Pons et Fleischmann avaient trouvé un meilleur accueil auprès de leurs collègues chimistes, pour qui ils étaient, après tout, des experts reconnus. Peu après, Pons présenta ses découvertes à un congrès de la Société américaine de chimie où il fut accueilli avec enthousiasme. Pour la plus grande partie de l'auditoire, la prévention de la communauté scientifique importait probablement moins que la simplicité apparente de l'expérience. S'il y avait véritablement quelque chose là derrière, reconnaissaient la majorité des scientifiques, il fallait que tout soit élucidé au plus vite. Pons et Fleischmann disposaient de deux sortes d'éléments de preuve pour étayer leurs affirmations : le dégagement d'une grande quantité de chaleur et les produits nucléaires. Il fallait les vérifier.

L'excédent de chaleur

Mesurer la production d'un excédent de chaleur n'est en soi qu'un simple exercice de physique à la portée du premier étudiant venu. On fait un relevé précis de l'énergie fournie à la pile et de celle qu'elle produit, en tenant compte des réactions chimiques connues capables de transformer de l'énergie chimique en chaleur. Ces mesures doivent être effectuées pendant un certain temps du fait qu'à tout moment les comptes peuvent ne pas être équilibrés en raison du stockage possible d'énergie par la pile (la transformant pour ainsi dire en une banque à chaleur). Il s'agit là d'un procédé raisonnablement direct qui permet d'évaluer la production d'énergie en mesurant l'augmentation de température, la pile ayant été au préalable étalonnée en utilisant une source de chaleur de puissance connue. En pratique, l'expérience exige un certain temps du fait que les électrodes en palladium doivent être chargées au maximum en deutérium (pour des électrodes de huit millimètres de diamètre, l'opération peut prendre plusieurs mois).

Le dégagement de chaleur varie d'une pile à l'autre. Certaines n'en dégagent pas du tout. L'énergie est parfois dégagée par vagues ; on a enregistré le cas d'une production quatre fois supérieure à celle qui avait été fournie. En général, l'excès de chaleur était cependant de 10 % à 25 %.

Malgré le caractère capricieux du phénomène, Pons et Fleischmann restaient convaincus que le dégagement de chaleur ne pouvait s'expliquer par aucun processus ou réaction chimiques connus.

Les produits nucléaires

L'émission de neutrons associée à un dégagement de chaleur important aurait apporté la preuve la plus directe de la fusion. Les premières mesures effectuées par Pons et Fleischmann pour évaluer la production de neutrons avaient été relativement sommaires. La quantité de neutrons émis par leur cellule était comparée à leur concentration dans le milieu ambiant à une distance de cinquante mètres de celle-ci. On enregistra une concentration trois fois supérieure à proximité des électrodes. C'était un résultat indicatif, mais comme on ne connaissait pas l'énergie des neutrons, ni ne savait si la concentration de fond était la même à proximité de la cellule et à cinquante mètres de celle-ci, il était loin d'être concluant. Un procédé plus satisfaisant consistait à mesurer l'émission de rayons gamma produits par les neutrons capturés par des protons contenus dans l'eau entourant la cellule. Ces mesures furent effectuées pendant une période de deux jours par Bob Hoffman, radiologue de l'Utah. Les quantités de neutrons détectées étaient inférieures de plusieurs milliards de fois à ce que l'on aurait pu attendre dans le cas où toute la chaleur aurait été produite par la réaction de fusion du deutérium.

La présence des produits de la fusion, tel le tritium, aurait été une autre preuve de l'existence de cette réaction. Pons et Fleischmann trouvèrent des traces de tritium dans la cathode en palladium de l'une de leurs piles. Le problème avec cette découverte – problème qui a pesé sur toutes les proclamations de résultats – est que le tritium est connu pour être un contaminant de l'eau lourde.

La reproduction de l'expérience

Comme nous l'avons déjà noté, après le communiqué du 23 mars, les tentatives de reproduire l'expérience commencèrent avec rapidité et frénésie. Bien qu'ils aient grandement attiré l'attention des médias, ces premiers résultats (aussi bien positifs que négatifs) eurent peu d'importance. L'embarras causé par les déclarations prématurées de Georgia Tech et Texas A&M confirmèrent les chercheurs qui s'efforçaient de reprendre l'expérience avec sérieux dans l'idée qu'ils s'engageaient dans une lutte de longue haleine. Beaucoup furent attirés par la simplicité apparente de l'expérience pour s'apercevoir bien vite qu'une cellule électrolytique au palladium était bien plus compliquée qu'ils ne l'imaginaient.

Une partie de la difficulté à laquelle se heurtaient les candidats à l'expérience tenait à ce que le compte rendu de leur expérience par Pons et Fleischmann était insuffisamment détaillé. On se demandait quelles étaient la dimension exacte des électrodes qu'il fallait utiliser, les densités de courant auxquelles faire fonctionner les cellules, s'il était essentiel d'employer du sel de lithium ou si on pouvait lui en substituer un autre, si la cathode était « contaminée » et avec quoi, et pendant combien de temps devait durer l'expérience. Rien de tout cela n'était clair. A la suite de leur déclaration initiale, Pons et Fleischmann furent submergés de demandes d'informations. Dans l'atmosphère survoltée qui régnait dans l'Utah, il n'est guère surprenant que les chercheurs n'aient pas toujours trouvé facile d'obtenir les informations essentielles.

Certains ont accusé Pons et Fleischmann d'entretenir volontairement le secret afin de protéger leurs droits de propriété intellectuelle ou (plus tard, lorsque beaucoup perdirent leurs illusions) de masquer leur incompétence. Pourtant, en raison de l'importance commerciale de la découverte, protéger ses droits revêtait une grande importance et le processus est classique en matière de biotechnologie. Il semble également que Pons et Fleischmann se soient montrés hésitants parce qu'eux-mêmes éprouvaient des doutes et jugeaient l'expérience dangereuse. Ils étaient également préoccupés par l'éventualité d'une production de tritium à bon marché, celui-ci étant l'un des ingrédients de base de la bombe à hydrogène.

Les maigres détails sur l'expérience ne tardèrent pas à circuler à travers un réseau informel de messagerie électronique et de contacts téléphoniques. De fait, cette messagerie électronique a certainement joué un rôle important au cours de cette controverse, en permettant d'atteindre rapidement le consensus contre la fusion froide qui s'est développé au lendemain du congrès de l'Association américaine de physique à Baltimore. Ainsi, Douglas Morrison, physicien au CERN et l'un des premiers enthousiastes de la fusion froide, diffusa sur les réseaux électroniques un bulletin d'informations qui semble avoir été beaucoup lu. Morrison ne tarda pas à se montrer sceptique et renvoya ses collègues, les scientifiques, au fameux discours d'Irving Langmuir sur la « science pathologique », dans lequel un certain nombre de phénomènes scientifiques controversés (notamment les rayons N et la perception extrasensorielle) étaient rejetés comme résultats d'une illusion collective. (Le discours de Langmuir fut reproduit dans *Physics Today* d'octobre 1989.) Selon Morrison, la fusion froide était le cas le plus récent de science pathologique.

Il apparut bientôt clairement que, tandis que la plupart des équipes ne constataient rien, quelques-unes obtenaient des résultats positifs. Le problème de la reproduction des expériences, classique dans les controverses scientifiques, refaisait surface. Les partisans de la fusion froide avaient la possibilité de rejeter les résultats négatifs en les expliquant par des différences dans la façon de mener l'expérience. Aux yeux de ceux qui ne trouvaient rien, c'était cependant la confirmation qu'il n'y avait tout simplement rien à trouver. La position de Pons et Fleischmann, telle qu'ils l'ont exprimée devant le Congrès en avril 1989, était que les résultats négatifs ne les surprenaient pas, du fait que de nombreuses cellules avaient été conçues sans respecter les paramètres et les dimensions convenables.

Parmi les premiers résultats positifs rapportés, l'un des plus importants était celui qu'avait obtenu Robert Huggins, qui travaillait sur la science des matériaux à l'université de Stanford. Huggins avait fait fonctionner deux cellules, l'une à eau ordinaire, l'autre à eau lourde, et avait constaté que seule la pile à eau lourde produisait une forte quantité de chaleur. Cette constatation répondait à une critique émise depuis longtemps à l'encontre de Pons et Fleischmann, celle de ne pas avoir utilisé une pile de « contrôle » fonctionnant à l'eau ordinaire. Huggins avait obtenu des résultats positifs de manière régulière pendant plusieurs années.

Une autre critique des travaux de Pons et Fleischmann était que les cellules utilisées étaient des cellules ouvertes d'où les gaz produits au cours de l'électrolyse (deutérium et oxygène) pouvaient s'échapper. Le problème était ici de savoir si l'équilibre énergétique était affecté par la recombinaison possible du deutérium et de l'oxygène en eau lourde, qui fourniraient par là même de la chaleur au système. Cette objection fut finalement éliminée lorsque John Appleby de Texas A&M (d'une autre équipe que celle qui avait fait état prématurément de résultats positifs) réalisa des expériences de calorimétrie étroitement contrôlées en utilisant des piles fermées. Des dégagements d'importantes quantités de chaleur furent de nouveau constatés.

Parmi les résultats négatifs, l'un des plus importants fut celui qu'obtint une équipe de Cal Tech dirigée par le chimiste Nathan Lewis et le physicien Charlie Barnes. L'équipe de Cal Tech avait varié les conditions de l'expérience sans aboutir à quoi que ce soit. Comme nous l'avons déjà dit, Lewis rapporta ses résultats négatifs devant le congrès de l'Association américaine de physique et l'effet fut désastreux pour Pons et Fleischmann. Effet d'autant plus grand qu'il impliquait que ces derniers s'étaient rendus coupables de la négligence la plus grossière : ils avaient omis de remuer l'électrolyte, permettant ainsi à la chaleur de se concentrer en certains points et faussant la lecture des températures.

Il apparut cependant que les accusations de Lewis étaient mal fondées. Pons et Fleischmann affirmèrent qu'il n'était pas nécessaire de remuer l'électrolyte du fait que les bulles de deutérium produites par la réaction s'en chargeaient avec efficacité. Afin de démontrer leur erreur, Lewis s'était efforcé de fabriquer une copie conforme de la cellule de Pons et Fleischmann. Il avait utilisé pour cela une photo parue dans le *Los Angeles Times*. Il s'avéra que la cellule représentée n'était utilisée par Pons et Fleischmann que pour les besoins de leurs démonstrations et était de dimension beaucoup plus importante que les cellules employées au cours des expériences proprement dites. En introduisant quelques gouttes de teinture dans l'électrolyte, Pons et Fleischmann furent par la suite à même de démontrer simplement que les bulles s'acquittaient fort bien de leur tâche.

Comme dans d'autres controverses, un résultat négatif que la plupart des gens avaient pris pour un coup de grâce se révélait lui-même, à y regarder de plus près, être source d'ambiguïtés comparables à celles des résultats qu'il prétendait contredire. Si les mesures effectuées par Lewis avaient été décortiquées avec autant de minutie que celles de Pons et Fleischmann, elles n'auraient peut-être pas été jugées aussi convaincantes qu'elles l'avaient été alors. Dans l'atmosphère du congrès de Baltimore, où les physiciens réclamaient la tête des deux chimistes et où toute une série de résultats négatifs furent exposés (voir plus loin), Lewis était à même de porter le coup fatal.

Le problème habituel de la reproduction des expériences fut remis à l'ordre du jour par un autre ensemble de résultats négatifs de la plus haute importance, ceux rapportés par Harwell. A la suite du contact que Fleischmann avait eu à Harwell, David Williams, ancien étudiant de Fleischmann, avait effectivement entrepris ses expériences *avant* le communiqué du mois de mars. Les résultats obtenus mirent virtuellement hors jeu la fusion froide en Grande-Bretagne. Là encore, les expériences en imposent à première vue par le nombre de cellules dans lesquelles le dégagement de chaleur et l'émission de neutrons ont été mesurés sur de longues périodes.

Cependant, ces résultats n'étaient pas convaincants aux yeux des défenseurs de la fusion froide ; ils affirmaient que presque la moitié des cellules avaient fonctionné avec des courants d'intensité inférieure à leur seuil d'activité. D'autres critiques avaient été formulées à l'encontre des méthodes utilisées à Harwell pour mesurer la température. En dépit des interprétations différentes de l'expérience de Harwell, pour beaucoup de scientifiques elle mettait un point final à l'histoire de la fusion froide.

Outre les tentatives de reproduire le phénomène en mettant au point des cellules électrolytiques, des chercheurs avaient tenté de déclencher une réaction de fusion froide par d'autres méthodes. L'une d'elles consistait à refroidir et à réchauffer le palladium afin de le sursaturer de deutérium. Ces expériences ont permis de détecter des émissions de neutrons.

La difficulté à laquelle se heurtaient les défenseurs de la fusion froide pour obtenir des résultats positifs reconnus est bien illustrée par le destin que connurent les mesures de la concentration de tritium. On se souviendra que Pons et Fleischmann en avaient eux-mêmes trouvé des traces. De nouvelles preuves furent apportées par d'autres expérimentateurs, notamment par une équipe indienne rompue à ce genre de mesures, une équipe de Los Alamos et une troisième équipe de l'université A&M du Texas. Cependant, le tritium étant connu pour être un contaminant de l'eau lourde, il existe une explication « normale » toute prête pour tous ces résultats. Il a été impossible de convaincre les critiques de ce qu'aucune contamination ne s'était produite, car il est toujours possible d'imaginer des chemins par lesquels le tritium a pu pénétrer dans la cellule.

On a même donné à penser que l'affaire avait été frauduleuse. En 1990, un article de la revue *Science* laissait supposer que les mesures effectuées par Texas A&M pour évaluer l'émission de tritium avaient été falsifiées. Le fossé qui sépare défenseurs et critiques, fossé creusé lorsqu'un des deux partis accuse l'autre de se comporter de manière « antiscientifique », est caractéristique des controverses scientifiques. Les détracteurs font avant tout appel à des résultats négatifs pour fonder leur rejet du phénomène controversé et tous les résultats positifs s'expliquent, selon eux, par l'incompétence, l'illusion ou même la fraude. Les défenseurs expliquent quant à eux les résultats négatifs par l'inaptitude à reproduire exactement les conditions de l'expérience qui a permis d'obtenir les résultats positifs. A elles seules, les expériences ne semblent pas suffire à régler la question.

La fusion froide, une impossibilité théorique ?

L'essentiel du débat s'est déroulé dans un contexte où la fusion froide était tenue pour théoriquement impossible. Bien que Pons et Fleischmann, comme Tandberg avant eux, aient espéré que des pressions extrêmement élevées à l'intérieur du réseau cristallin du palladium puissent permettre la fusion du deutérium, cet espoir n'était guère fondé sur le plan théorique.

L'une des réactions des physiciens nucléaires à l'annonce que la fusion froide avait été réalisée a consisté à réexaminer en détail ses possibilités théoriques. Steve Koonin et Mike Nauenberg ont consacré un temps et une énergie considérables à ce problème. Bien qu'en reprenant les calculs Koonin ait découvert des erreurs qui aboutissaient à minimiser par un facteur supérieur à dix millions le taux de la fusion deutérium-deutérium, l'apport essentiel de ses travaux a été de montrer que la fusion du deutérium en quantité suffisante pour produire un dégagement de chaleur important était extrêmement improbable. Il a insisté sur le fait que l'augmentation de pression à l'intérieur du palladium ne suffisait pas à déclencher la réaction de fusion. En fait, dans le réseau cristallin du palladium, les noyaux de deutérium doivent se trouver encore plus éloignés les uns des autres que dans l'eau lourde elle-même. Ses calculs de la probabilité que la fusion deutérium-deutérium se produise ont montré que le rythme de celle-ci devait être extrêmement lent. Par une comparaison évocatrice, ils décrivent ainsi le processus : « Une masse de deutérium froid de la dimension du Soleil produirait une fusion par an. »

Ainsi, passant en revue toutes les possibilités théoriques devant le congrès de l'Association américaine de physique du mois de mai, Koonin et Nauenberg réussirent à faire apparaître déraisonnables les justifications théoriques de la fusion froide qui avaient été apportées. Comme il l'a dit à un journaliste du *New York Times* : « Bien sûr, on peut se lancer dans des théories sur la manière dont la fusion froide pourrait se produire à l'intérieur d'une cathode en palladium ; on pourrait aussi se demander comment se comporteraient les cochons s'ils avaient des ailes. Mais ils n'en ont pas ! » (Cité dans Mallove, 1991, p. 143.)

Alors que les preuves expérimentales étaient en train de fondre comme neige au soleil, il n'est pas étonnant que la plupart des physiciens aient été heureux de s'en tenir à la sagesse officielle.

Il ne fait aucun doute que Koonin représentait le point de vue de la majorité. Cependant, comme c'est souvent le cas dans les controverses scientifiques où l'expérience paraît s'opposer à la théorie prédominante, il y a bien plus à dire. De fait, durant tout l'épisode de la fusion froide, un certain nombre de suggestions ont été faites sur la manière dont celle-ci pouvait se produire à une échelle suffisante et se produire en outre sans qu'il y ait production de neutrons. Celles émises par le prix Nobel de physique Julian Schwinger et le spécialiste de la physique du laser qui contribua à l'invention du laser à rayons X, Peter Hagelstein, ont été parmi les plus sérieuses. L'une d'elles a consisté à imaginer de quelle manière une réaction de fusion rare pouvait être à l'origine d'un fort dégagement de chaleur, l'énergie étant transférée à l'intérieur du réseau cristallin du palladium. Hagelstein, s'inspirant de la physique du laser, a également laissé entrevoir la possibilité d'une « fusion cohérente », dans laquelle les réactions de fusion se produiraient en chaîne grâce à une sorte d'effet de dominos.

Les résultats expérimentaux étant regardés d'un mauvais œil, la plupart des théoriciens ne voyaient guère de raisons pour s'occuper de choses aussi extravagantes. On se souviendra du cas des neutrinos solaires (voir chapitre 7), dans lequel bon nombre de spéculations théoriques ont été émises pour expliquer le désaccord entre la théorie officielle et les résultats expérimentaux. Alors même que, dans ce cas-là, l'écart n'était que de l'ordre de 1 à 3, aucune des alternatives théoriques ne jouit d'une réelle faveur. Il semble improbable que, dans le cas où l'écart porte sur 57 ordres de grandeur (1 suivi de 57 zéros) et où les résultats expérimentaux jouissent d'une crédibilité bien moindre, la théorie conventionnelle soit en passe d'être renversée. Il ne fait aucun doute qu'un théoricien comme Hagelstein prend ces alternatives théoriques très au sérieux – il a été jusqu'à breveter les procédés basés sur ses théories. Mais les risques qu'il y a à poursuivre ces spéculations au-delà de l'étape des simples « Que se passerait-il si… ? » (autrement dit à faire de ces spéculations des théories sérieusement candidates à la reconnaissance générale) sont illustrés par le cas de Hagelstein ; selon des rumeurs persistantes, la stabilité de sa position au MIT aurait été fortement compromise après qu'il eut entrepris de rechercher des explications théoriques à la fusion froide.

La crédibilité

Dans une controverse scientifique, la lutte entre les proposants et leurs adversaires est toujours une lutte pour la crédibilité. Lorsque des chercheurs affirment littéralement l'« incroyable », comme dans le cas de la fusion froide, ils doivent entreprendre un rude combat. Le problème auquel Pons et Fleischmann se heurtaient étaient qu'ils jouissaient d'une solide réputation d'électrochimistes mais non de physiciens nucléaires. Et c'est dans le domaine de la physique nucléaire que leurs travaux étaient susceptibles d'avoir le plus grand impact.

Quiconque prétendait avoir observé une fusion (surtout, comme ça avait été le cas, en public et avec aussi peu de modestie) marchait fatalement sur les plates-bandes des physiciens nucléaires et des spécialistes de la fusion qui avaient d'ores et déjà affirmé leurs droits sur ce domaine. D'énormes quantités d'argent, de compétences et de matériel avaient été déjà investies dans les programmes de recherches sur la fusion thermonucléaire et il serait naïf de penser que cela n'avait pas d'incidence sur l'accueil réservé à Pons et Fleischmann.

Cela ne signifie pas pour autant que les spécialistes de la fusion se contentaient de rejeter leurs affirmations sans autre forme de procès (bien que certains l'aient fait), qu'il s'agissait là uniquement d'une affaire de gros sous (quoique la menace de voir le ministère de l'Énergie transférer ses subventions de la recherche thermonucléaire à celle sur la fusion froide ait directement mis en péril leurs intérêts financiers) ou encore que les physiciens aient été irrémédiablement prévenus contre les chimistes (encore que certains aient pu l'être), c'était tout simplement qu'aucun chercheur ne pouvait espérer défier une communauté scientifique puissamment établie sans que sa crédibilité soit mise sur la sellette. Comme on pouvait s'y attendre, c'est dans le domaine où les physiciens se sentaient le plus à l'aise – la mesure des émissions de neutrons – que Pons et Fleischmann eurent à faire face aux attaques les plus rudes.

La mesure des émissions de neutrons

Pour beaucoup de physiciens, c'était la mesure des émissions de neutrons qui aurait constitué la meilleure preuve de la fusion. Pourtant, elles étaient paradoxalement le point le plus faible des conclusions de Pons et Fleischmann. Comme nous l'avons vu, leurs mesures avaient été effectuées tardivement et sous la pression des autres. Pis encore, ni Pons ni Fleischmann n'avait d'expérience particulière en ce domaine.

Ce fut à Harwell, lors du séminaire donné par Fleischmann peu après la déclaration du mois de mars, qu'on entrevit les premières difficultés. Fleischmann apporta des indices de la présence de neutrons et présenta un graphique montrant un pic dans l'émission de rayons gamma constatée par Hoffman à partir de l'eau dans laquelle est plongée la cellule. Aux yeux des physiciens présents à qui un tel spectre était familier, le pic ne se présentait ni avec la forme attendue ni avec la bonne énergie. Elle était de 2,5 MeV alors que le maximum de rayonnement gamma produit par les neutrons libérés par le deutérium est normalement de 2,2 MeV. Il semblait que l'étalonnage du détecteur de rayons gamma ait été mal fait, mais il était impossible d'affirmer quoi que ce soit car Fleischmann ne s'était pas muni des données brutes et n'avait pas effectué les mesures lui-même. En tout état de cause, lors de la publication du graphique dans le *Journal of Electrochemistry*, le pic indiquait bien la valeur correcte de 2,2 MeV.

On ne peut dire si l'écart entre les deux versions provenait d'un simple trafiquage ou d'une erreur véritable et de doutes quant aux mesures effectuées. Dans son ouvrage qui a connu un grand écho médiatique, *Too Hot to Handle* (Trop chaud pour y toucher), où il porte un regard sceptique sur la querelle de la fusion froide, Franck Close donne à penser que le graphique avait été délibérément truqué – accusation reprise par le journaliste scientifique William Broad dans un article du *New York Times* du 17 mars 1991. De telles accusations doivent cependant être considérées avec prudence. Close tombe notamment dans le piège qui consiste à mettre à nu tous les détails des expériences critiquées, tout en donnant l'impression que celles réalisées par leurs adversaires étaient nettes et décisives. Un tel parti pris dans l'exposé revient tout simplement à déclarer gagnants les attaquants sans examiner impartialement ce qui s'est passé.

La mesure des émissions de neutrons ne tarda pas à se trouver sous le feu de nouvelles critiques. Richard Petrasso, du Centre d'études des plasmas sur la fusion du MIT, avait lui aussi remarqué que quelque chose n'allait pas dans la forme de la courbe d'émission des rayons gamma. Pour aller plus loin, la difficulté tenait à ce que Pons et Fleischmann n'avaient pas encore publié les données brutes qui avaient permis d'établir le spectre du rayonnement gamma ambiant. Les chercheurs du MIT furent donc réduits à tirer parti d'un scoop télévisé. Ils se procurèrent l'enregistrement vidéo d'une émission scientifique dans laquelle on montrait l'intérieur du laboratoire de Pons et Fleischmann et aussi leur graphique informatisé représentant l'émission de rayons gamma. Petrasso en conclut que la courbe présentée ne pouvait exister avec un maximum à 2,2 MeV et qu'il était impossible d'obtenir un pic aussi fin avec l'instrument de mesure utilisé. L'absence de l'arête de Compton disqualifiait également la courbe en question : elle ne prouvait en rien que des neutrons avaient été produits. L'équipe du MIT concluait que la courbe reflétait « probablement un artefact instrumental sans rapport avec une émission de rayons gamma ».

Les comptes rendus préliminaires de ces travaux furent communiqués par Petrasso au congrès de Baltimore, où ils eurent un impact maximal. Associés aux résultats négatifs obtenus par Cal Tech, ils devaient avoir un effet décisif sur le cours de la controverse que nous avons déjà retracée.

La critique des mesures de la production de neutrons fut ensuite publiée dans *Nature* en même temps qu'une réponse de Pons et Fleischmann. Quoiqu'ils aient beaucoup glosé sur l'utilisation faite par le MIT d'un scoop vidéo comme source de preuve scientifique (ils faisaient remarquer que ce que Petrasso avait appelé une « structure curieuse » n'était autre qu'un curseur électronique et niaient que la vidéo ait montré une mesure véritable), les deux chercheurs de l'Utah étaient maintenant contraints à la défensive. Ils publièrent leur graphique complet qui n'indiquait aucun pic à 2,2 MeV et prétendirent alors en avoir observé un à 2,496 MeV. Bien qu'ils aient été incapables d'expliquer pourquoi il différait de celui constaté dans le processus habituel de fusion du deutérium, ils soutinrent que ce pic résultait du rayonnement émis par la cellule. Par une manœuvre ingénieuse, ils essayèrent de contourner l'argument de Petrasso en affirmant que si leur instrument était de fait incapable de mettre en évidence de tels pics, l'absence d'un maximum à 2,2 MeV ne devait pas être considérée en elle-même comme la preuve que la fusion ne se produisait pas. En réponse, le MIT déclara que le pic à 2,496 était en réalité à 2,8 MeV.

Bon nombre de scientifiques ont estimé que cet épisode avait montré que l'argument principal en faveur de la fusion ne tenait plus. Pourtant, une autre interprétation est possible. L'indice le plus certain qu'une réaction de fusion froide s'est produite est toujours venu des mesures constatant le dégagement d'une forte quantité de chaleur – le point fort de l'argumentation de nos deux expérimentateurs. Les mesures nucléaires effectuées à la hâte ont toujours été embarrassantes, du fait que quelques neutrons de trop étaient observés. En convenant des difficultés que présentait l'interprétation de leurs mesures nucléaires, Pons et Fleischmann s'efforçaient de ramener l'attention sur le point essentiel de leur argumentation – le dégagement d'une grande quantité de chaleur. De fait, lorsqu'en juillet 1990 ils publièrent l'ensemble de leurs résultats, l'article concernait presque exclusivement la calorimétrie et aucune mesure de l'émission de neutrons n'y était rapportée.

Le problème était que beaucoup de chercheurs avaient avant tout été captivés par les données nucléaires, et l'insuffisance de la preuve de l'émission de neutrons ravalait le dégagement de chaleur au rang de simple anomalie, le cas échéant d'origine chimique. En outre, on pouvait aisément estimer que les difficultés soulevées par les mesures nucléaires démontraient l'incompétence de Pons et de Fleischmann en matière d'expérimentation. Bien que l'un et l'autre aient été largement tenus pour experts en électrochimie, cette sorte de « condamnation par association » semble avoir été payante pour les critiques et a contribué à discréditer l'expérience dans son ensemble.

Conclusion

Dans cette controverse sur la fusion froide, les enjeux étaient considérables et la partie normalement cachée du travail scientifique a été exposée au grand jour. L'épisode est souvent invoqué pour montrer que quelque chose « ne tourne pas rond » dans la science moderne. On dit que les chercheurs ont trop promis, sur des bases trop fragiles et devant trop de gens. On dit que la critique journalistique a remplacé la critique des spécialistes. De faux espoirs d'une ère nouvelle où l'énergie aurait été illimitée sont nés pour être ruinés peu après.

Cette façon de voir est regrettable. Apparemment Pons et Fleischmann ne se sont montrés ni plus ni moins âpres au gain et avides de publicité que ne l'aurait été tout autre chercheur prudent convaincu d'avoir entre les mains une découverte primordiale susceptible de procurer d'énormes bénéfices commerciaux. Les prises de brevets et la fanfare des conférences de presse sont partie intégrante de la science moderne, dans laquelle la reconnaissance institutionnelle et le financement jouent un rôle de plus en plus important. Il est inconcevable de revenir en arrière, à un Age d'or mythique où tous les savants étaient de purs gentlemen (il n'y en a jamais eu, comme les récents développements de l'histoire des sciences nous l'ont montré). La fusion froide fait apparaître la science telle qu'elle est. C'est l'image d'Épinal que nous nous faisons d'elle qui a besoin d'être révisée et non la manière dont la science se fait.

4. Les germes de la discorde : Louis Pasteur et les origines de la vie

La génération spontanée

La « génération spontanée » est le nom donné à la doctrine en vertu de laquelle, dans les conditions adéquates, la vie peut naître de la matière inerte. En un certain sens, presque tout le monde croit à la génération spontanée, car nous sommes convaincus que la vie est sortie du limon chimique primitif qui recouvrait la Terre nouvellement formée. On considère cependant que cela s'est produit lentement, par hasard, et une seule fois dans l'histoire de la Terre ; il est tout bonnement inconcevable que nous assistions à ce phénomène durant le temps de notre vie.

La question de l'origine de la vie est bien sûr aussi ancienne que la pensée, mais, dans la seconde moitié du XIXe siècle, le débat a fait rage au sein de la communauté scientifique. Une vie nouvelle peut-elle encore et encore jaillir de la matière stérile en l'espace de quelques minutes ou de quelques heures ? Lorsque les éléments nutritifs contenus dans un flacon moisissent, est-ce parce qu'ils ont été contaminés par des formes de vie préexistantes qui croissent et se multiplient, ou bien parce qu'une vie nouvelle jaillit systématiquement dans un milieu riche en moyens de subsistance ? La question était controversée, surtout dans la France du XIXe siècle où elle touchait des convictions religieuses et politiques profondément enracinées.

Nos connaissances actuelles en matière de biochimie, de biologie et d'évolution sont fondées sur l'idée que, en dehors des conditions particulières à la préhistoire, la vie ne peut naître que de la vie. Comme tant d'autres credos scientifiques répandus, nous avons tendance à croire que la conception moderne s'est formée rapidement et d'un seul coup : avec quelques expériences brillantes réalisées dans les années 1860, Louis Pasteur aurait eu vite fait de mettre en déroute ceux qui croyaient à la génération spontanée. Mais cette victoire, aussi décisive qu'elle ait pu être finalement, n'a en aucun cas été rapide ni nette. L'opposition fut écrasée par des manœuvres politiques, par le ridicule et par le ralliement des agriculteurs, des brasseurs et des médecins à la cause de Pasteur. En 1910 encore, l'Anglais Henry Bastian soutenait cette hérésie qu'était la génération spontanée. Il mourut convaincu d'avoir les faits de son côté.

Comme dans tant d'autres controverses scientifiques, ce ne furent ni les faits ni la raison, mais la mort et le poids du nombre qui triomphèrent du point de vue de la minorité ; comme toujours, les faits et les raisons étaient ambiguës. On ne peut pas penser non plus que les gens « n'ont pas voulu entendre ». La victoire la plus décisive de Pasteur – victoire remportée devant une commission nommée par l'Académie des sciences sur son collègue Félix Pouchet, naturaliste rouennais respecté – reposait sur le parti pris des arbitres et sur un bon coup de pouce donné par la chance. Seul le recul permet d'apprécier à quel point Pasteur a été chanceux.

La nature des expériences

Les expériences les plus connues destinées à vérifier la génération spontanée sont simples. Des substances organiques – lait, levure mélangée à de l'eau, infusion de foin, etc. – contenues dans des ballons sont d'abord portées à ébullition pour y détruire toute vie. L'air des ballons est chassé par la vapeur, et ils sont alors scellés. Tant qu'ils le restent, aucune vie nouvelle ne s'y développe – ceci n'était pas contesté. Lorsqu'on fait de nouveau pénétrer l'air, des moisissures apparaissent. Cela veut-il dire que l'air contient une substance vitale qui permet la naissance d'une vie nouvelle ou que l'air contient déjà la vie en germe – non plus au sens métaphorique, mais littéral – dans la moisissure. Pasteur affirmait que la moisissure ne se développerait pas si l'air nouvellement admis était lui-même vide de tout organisme vivant. Il essaya de montrer que l'introduction d'air stérile dans les ballons ne produisait aucun effet ; seul l'air contaminé donnait naissance à une putrescence. Ses adversaires affirmaient quant à eux que l'introduction d'un air même pur suffisait à déclencher la putréfaction du liquide organique.

L'objet de l'expérience est donc de déterminer :

1. Si le milieu ambiant est bien stérile tout en possédant une valeur nutritive.
2. Si ce qui entre lorsque les ballons sont ouverts est de l'air stérile ou si une contamination pénètre également.

Les solutions pratiques aux problèmes posés

Nous pensons aujourd'hui pouvoir répondre à ces questions assez facilement, mais au XIXe siècle les techniques qui permettent de déterminer ce qui est stérile et ce qui est vivant n'existaient pas encore. On ne savait pas même avec précision ce qui pouvait être considéré comme vivant. Il était largement admis que la vie ne pouvait exister longtemps dans un liquide en ébullition et l'ébullition était donc un bon moyen de stérilisation. Il semblait tout aussi clair que l'on ne pouvait faire bouillir la culture jusqu'à ce qu'il n'y ait plus d'eau sans détruire sa valeur nutritive. Même lorsque l'ébullition était moins forte, on risquait de voir la « force végétative » de l'élément nutritif détruite en même temps que les organismes vivants. La répartition des micro-organismes dans le monde qui nous entoure et leur effet sur l'air qui pénètre dans les ballons étaient alors inconnus.

Pasteur tenta d'observer les germes directement. Il observa au microscope la poussière obtenue par filtration de l'air et il y vit des formes semblables à des œufs qu'il considéra comme des germes. Mais étaient-elles vivantes ou simplement de la poussière ? La nature exacte de la poussière ne pouvait être déterminée que dans le cadre de la méthode même qui devait permettre d'établir celle de la moisissure.

Si les germes contenus dans l'air ne pouvaient être observés directement, que pouvait-on faire pour déterminer si l'air introduit dans le ballon était contaminé ou non ? On pouvait le faire passer à travers de la potasse caustique ou de l'acide sulfurique, le chauffer jusqu'à une très forte température ou le filtrer à travers du coton afin d'y supprimer toute trace de vie. Au début et au milieu du XIXe siècle, les expériences qui avaient consisté à faire passer l'air à travers un acide ou un alcali, à le chauffer ou à le filtrer avaient été significatives mais jamais décisives. Bien que, dans la plupart des cas, l'introduction de l'air ainsi traité n'entraînât pas la putréfaction du liquide stérilisé, celle-ci se produisait néanmoins assez souvent pour laisser subsister l'hypothèse de la génération spontanée. De toute manière, lorsque le traitement subi par l'air était radical, il pouvait se faire que le composant vital qui engendrait la vie eût lui-même été détruit, ce qui rendait l'expérience aussi vide de sens que l'air l'était de toute forme de vie.

On pouvait encore prélever l'air en des lieux différents – au sommet d'une montagne ou en basse altitude, à proximité de champs cultivés – en espérant que l'importance de la contamination microbienne ne serait pas la même. Pour établir le lien entre la poussière et les microbes, on pouvait aussi employer d'autres méthodes. Pasteur utilisa des ballons « à col de cygne » (voir figure 5). Ce col était rétréci et recourbé de telle sorte qu'en y pénétrant la poussière adhère aux parois humides de l'orifice.

Les expériences étaient effectuées dans les caves de l'Observatoire de Paris car l'air y était assez au repos pour que la

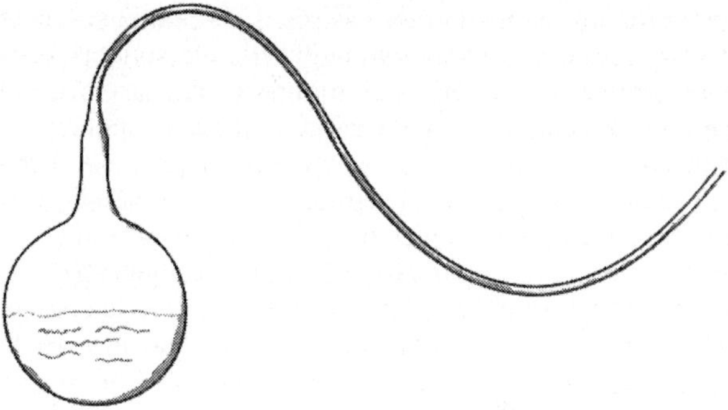

Figure 5. Un des ballons à col de cygne de Pasteur

poussière porteuse de vie puisse se déposer. Plus tard, le savant anglais William Tyndall emmagasina de l'air dans des récipients enduits de graisse afin d'en piéger toute la poussière avant de le mettre en présence de matières putrescibles. Cependant, chaque résultat positif était contredit par une autre expérience dans laquelle on trouvait de la moisissure dans ce qui aurait dû être un ballon stérile. Les arguments mis en avant par

Interprétations possibles des expériences sur la génération spontanée

		croient en la génération spontanée	
		OUI	NON
La vie se développe apparemment dans l'air pur	OUI	(1) Cela prouve la thèse	(2) L'air est contaminé accidentellement
	NON	(3) L'air est gâché par le traitement	(4) Cela prouve la thèse

les protagonistes peuvent être classés de la manière suivante :

La case 1 représente la position de ceux qui sont convaincus d'avoir réalisé des expériences montrant que la vie *se développe* dans l'air pur et croient en la génération spontanée. Ils voient dans ces expériences la preuve de leur thèse. Dans la case 2 se trouvent ceux qui ne croient pas à la génération spontanée et pensent que quelque chose n'a pas marché au cours de ces expériences – que, par exemple, l'air n'est pas pur.

La case 4 représente la position de ceux qui ont la conviction d'avoir effectué des expériences prouvant que la vie ne se développe pas dans l'air pur et ne croient pas à la génération spontanée. Pour eux aussi, les expériences confirment leur hypothèse. Dans la case 3 se trouvent ceux qui ne croient pas à la génération spontanée et pensent que, dans ces dernières expériences, quelque chose a affecté l'air – ses propriétés vitales ont, par exemple, été détruites au cours du processus de purification. Dans les années 1860, les arguments du type de ceux que l'on trouve dans la case 3 ont pris de l'importance à un certain moment, mais cette phase du débat a été relativement brève ; elle prit fin lorsque, au lieu de stériliser l'air par des moyens artificiels, les expérimentateurs cherchèrent à s'en procurer dans des lieux où il était pur ou encore à le purifier par des méthodes de filtrage à température ordinaire. Les arguments que l'on trouve à la case 2 tinrent plus longtemps. Ils permirent en fait à Pasteur de déclarer que tout l'air qui donnait naissance à la vie dans les ballons était contaminé, qu'il l'ait mis en évidence directement ou non. Comme nous le verrons, ce fut particulièrement vrai au cours de cet épisode de la querelle qui l'opposa à Félix Pouchet où furent réalisées des expériences à l'aide de mercure.

La controverse Pasteur-Pouchet

Un épisode de la longue controverse entre Pasteur et ceux qui croyaient à la génération spontanée illustre parfaitement de nombreux aspects de la question. Dans cette histoire, l'aîné (soixante ans), Félix Pouchet, servit, semble-t-il, de faire-valoir au jeune Pasteur (trente-sept ans), dans son rôle de brillant expérimentateur. A n'en pas douter, Pasteur vainquit Pouchet au cours d'une série d'affrontements fameux, mais le récit triomphaliste qu'on en fit rétrospectivement masque l'incertitude de ces affrontements en temps réel.

Comme dans toutes ces controverses dans le domaine expérimental, les détails revêtent une importance décisive. Le débat entre Pasteur et Pouchet portait sur ce qui se passe lorsqu'une infusion de foin – un « thé de foin » pour ainsi dire –, stérilisée par ébullition, est exposée à l'air. Il est incontestable que l'infusion moisit – des formes de vie microscopiques se développent à la surface – mais la sempiternelle question restait posée. Était-ce dû au fait que l'air possède des propriétés permettant la naissance de la vie ou qu'il contient les « germes » vivants de la moisissure ?

Les expériences « sous mercure »

Pouchet croyait à la génération spontanée. Dans ses premières expériences, il préparait des infusions de foin stérilisées « sous mercure » – pour utiliser le jargon des spécialistes. La méthode consistait à effectuer toute l'opération en immergeant tous les récipients dans un baquet rempli de mercure afin d'empêcher l'air de s'infiltrer. Des bulles d'air spécialement traité remontaient à travers le bain de mercure jusque dans les ballons. C'était la méthode ordinairement employée pour acheminer les gaz objets d'une expérience dans le récipient désiré tout en empêchant l'infiltration de l'air ambiant. Dans le cas de Pouchet, c'est de l'air purifié qui passait à travers le mercure. On considérait que l'on pouvait obtenir de l'air purifié en chauffant de l'air ordinaire ou en produisant de l'oxygène grâce à la décomposition d'un oxyde – en l'occurrence, il s'agit souvent d'oxyde de mercure. Lorsqu'une infusion de foin purifiée était préparée « sous mercure » et exposée à de l'air pur, Pouchet constatait invariablement que la vie organique se développait. Puisque toutes les sources de vie possibles avaient été éliminées, il semblait donc que la vie nouvelle était apparue spontanément.

Pouchet engagea le débat avec Pasteur en lui écrivant pour lui communiquer les résultats de ces expériences. Pasteur lui répondit qu'il n'avait probablement pas pris assez de précautions. « Dans vos expériences récentes, lui écrivait-il, vous avez à votre insu introduit de l'air commun [contaminé] et [...] les conséquences auxquelles vous êtes arrivé ne sont pas fondées sur des faits d'une exactitude irréprochable » (cité dans Farley et Geison, 1974, p. 19). Pasteur utilise donc ici un argument du type de ceux que nous trouvons ci-dessus à la case 2. Si Pouchet constatait la présence de la vie lorsqu'il introduisait de l'air stérilisé dans des infusions de foin elles aussi stérilisées, alors l'air *devait* nécessairement avoir été contaminé.

Plus tard, Pasteur allait affirmer que, même si dans ces expériences les infusions de foin avaient été stérilisées et l'air produit avait été également privé de vie, c'est le mercure qui avait été contaminé par des micro-organismes – ils se trouvaient dans la poussière à la surface du mercure – et que telle était l'origine de la moisissure.

C'est là un point intéressant, car il semble que l'hypothèse du mercure contaminé ait été nécessaire pour expliquer certains des résultats obtenus par Pasteur lui-même. Il rapportait qu'en essayant lui aussi d'empêcher l'apparition de la vie en préparant ses infusions « sous mercure », il ne réussissait qu'une expérience sur dix. Quoique, à l'époque, il ne connût pas l'origine de la contamination, il n'admettait pas que ces résultats soient considérés comme des présomptions en faveur de l'hypothèse de la génération spontanée. Selon ses propres termes : « Je ne publiai pas ces expériences ; les conséquences qu'il fallait en déduire étaient trop graves pour que je n'eusse pas la crainte de quelque cause d'erreur cachée, malgré le soin que j'avais mis à les rendre irréprochables. » (Cité dans Farley et Geison, 1974, p. 31.) En d'autres termes, Pasteur était si fermement opposé à la génération spontanée qu'il préférait croire à une erreur inconnue dans son travail plutôt que de publier ses résultats. Il définissait les expériences qui confirmaient la génération spontanée comme ratées et vice versa. L'idée que le mercure était contaminé se substitua plus tard à celle d'« erreur inconnue ».

Avec le recul, nous ne pouvons qu'applaudir à l'intuition de Pasteur. Bien entendu, il avait raison et avait suffisamment le courage de ses convictions pour refuser de s'en laisser détourner par ce qui, à première vue, était une indication expérimentale contraire. Mais *c'était* de la clairvoyance et non l'application neutre de la méthode scientifique. Si Pasteur, comme Pouchet, avait soutenu la mauvaise hypothèse, nous l'accuserions maintenant d'avoir fait preuve d'un entêtement borné face aux faits scientifiques. Pour l'historien des sciences, il est dangereux de se fier aux événements qui donnent raison après coup. Nous ne pouvons comprendre la querelle entre Pasteur et Pouchet telle qu'elle a été vécue si nous n'abandonnons pas notre vision rétrospective.

Les ballons placés en altitude

L'affaire des expériences sous mercure n'était qu'une escarmouche préliminaire. Les choses commencèrent à devenir sérieuses lorsque Pasteur entreprit de tenter des expériences en altitude, en y laissant les ballons ouverts à l'air, et que Pouchet en contesta les résultats.

Pasteur allongeait le col de ses ballons en le chauffant sur une flamme. Il remplissait ceux-ci d'une infusion de levure qu'il portait à ébullition et scellait le col une fois l'air expulsé.

Tant que les ballons restaient fermés, leur contenu ne s'altérait pas. Il les transportait alors en différents lieux, certains notamment où l'air était censé ne pas être contaminé par une faune microbienne, et brisait le col pour permettre à l'air de rentrer. Pour ce faire, il utilisait une paire de longues pinces préalablement chauffées tout en tenant le ballon au-dessus de lui afin d'éviter toute contamination par ses vêtements. Une fois l'air réintroduit, Pasteur refermait le col sur la flamme. Il prépara ainsi une série de ballons contenant à la fois l'infusion de levure et un échantillon d'air prélevé en différents endroits. Il constata que le contenu de la plupart des ballons exposés en des lieux ordinaires moisissait, tandis que celui des ballons provenant des montagnes s'altérait rarement. Ainsi, des vingt ballons transportés sur des glaciers alpins à 2 000 mètres d'altitude, un seul fut touché.

En 1863, Pouchet contesta ces résultats. Escorté de deux collaborateurs, il se rendit dans les Pyrénées pour répéter les expériences de Pasteur. Le contenu de leurs huit ballons exposés en altitude s'altéra, ce qui laissait à penser que même l'air pur suffisait à amorcer un processus de génération de la vie. Pouchet affirma qu'il avait respecté toutes les précautions prises par Pasteur, à ceci près qu'il avait utilisé une lime chauffée à la place des pinces.

Péchés de commission

Dans la société scientifique française hautement centralisée du milieu du XIXe siècle, l'Académie des sciences de Paris réglait les querelles en nommant des commissions chargées de trancher. Les conclusions de ces commissions prenaient alors rang de point de vue quasi officiel de la communauté scientifique française. Deux commissions s'occupèrent successivement de la querelle sur la génération spontanée. La première, réunie antérieurement aux expériences de Pouchet dans les Pyrénées, offrait une récompense à « celui qui, par des expériences bien menées, jetterait quelque lumière nouvelle sur la question de la génération spontanée ». Par accident ou à dessein, il se trouvait qu'aucun de ses membres ne voyait d'un bon œil les idées de Pouchet, et plusieurs rendirent leurs conclusions avant même d'avoir examiné la question. Deux d'entre eux avaient déjà réagi négativement aux premières expériences de Pouchet, et on savait que les autres n'étaient pas favorables à la génération spontanée. Pouchet abandonna la partie, laissant Pasteur recevoir à l'unanimité la récompense pour un manuscrit de 1861 dans lequel il faisait le compte rendu de la fameuse série d'expériences démontrant que la décomposition de toutes sortes de substances est due aux germes en suspension dans l'air.

La seconde commission fut nommée en 1864 en réaction aux expériences de Pouchet dans les Pyrénées. Ces expériences avaient soulevé l'indignation au sein de l'Académie, dont la plupart des membres estimaient que la question était close. La nouvelle commission commença par une déclaration provocatrice : « Il est encore possible, affirmait-elle, de prélever en certains endroits une quantité considérable d'air qui n'a fait l'objet d'aucune agression physique ou chimique, et cependant cet air ne suffit pas à altérer en quoi que ce soit le liquide le plus putrescible. » (Cité dans Dubos, 1960, p. 174.) Pouchet et ses collègues relevèrent le défi et répondirent : « Si le contenu d'un seul de nos ballons ne subit aucune altération, nous sommes prêts à reconnaître loyalement notre défaite. » (Cité dans Dubos, 1960, p. 174.)

Les membres de cette commission avaient eux aussi un point de vue fortement et unanimement opposé à celui de Pouchet. Lorsqu'ils apprirent quelle était la composition de la commission, Pouchet et ses collaborateurs tentèrent d'assouplir les contraintes de l'expérience. Ils voulaient élargir le champ du programme expérimental, tandis que Pasteur insistait pour que l'on se limite à déterminer si la quantité d'air la plus infime provoquait toujours une putréfaction. Conformément aux principes de la compétition, la seule chose que Pasteur avait à démontrer était que l'air pouvait pénétrer dans certains ballons sans entraîner aucune altération de leur contenu. Après avoir échoué à élargir les termes de l'expérience, Pouchet préféra abandonner, convaincu qu'il lui serait impossible de se faire entendre en raison du parti pris des membres de la commission.

Après que Pouchet eut battu deux fois en retraite, sa position n'était plus tenable. La partialité des commissions ne gênait en rien une communauté scientifique déjà unanimement acquise à la cause de Pasteur.

Vue rétrospective et prospective sur la controverse Pasteur-Pouchet

La situation de Pouchet était assez semblable à celle d'un accusé dont le sort aurait dépendu d'une expertise médico-légale. Certes, l'accusé avait la faculté de produire des faits en sa faveur, mais leur interprétation appartenait uniquement à la partie civile qui agissait en outre comme juge et jury. On comprend aisément que Pouchet ait baissé pavillon. Il est tout aussi facile de comprendre comment Pasteur a pu déclarer que Pouchet avait faussé ses expériences pyrénéennes en utilisant une lime et non des pinces pour couper le col des ballons. On peut très bien imaginer que des éclats de verre, contaminés par la lime, bien que celle-ci ait été au préalable chauffée sur une flamme, soient tombés dans l'infusion de foin et aient ensemencé les substances nutritives qui s'y trouvaient. On peut toujours imaginer que si Pouchet avait été enjoint par la commission d'utiliser comme Pasteur des pinces stérilisées, le contenu de bon nombre de ballons ne se serait pas altéré. On peut donc estimer que la démission de Pouchet en présence d'impératifs techniques biaisés lui a évité de se mettre dans une position plus embarrassante encore. Bien que les deux commissions aient été honteusement partiales, ne faut-il pas voir là tout simplement une contingence historique indépendante des conclusions scientifiques exactes auxquelles elles avaient abouti ?

Il est intéressant de noter maintenant au contraire que si Pouchet n'avait pas perdu courage, il n'aurait peut-être pas perdu la partie. Pouchet et Pasteur n'utilisaient pas le même milieu nutritif : le premier des infusions de foin, le second de la levure. Il fallut attendre 1876 pour s'apercevoir que les infusions de foin contiennent une spore qui ne disparaît pas facilement à l'ébullition. Alors que l'ébullition détruit toute vie dans une infusion de levure, elle ne stérilise pas une infusion de foin. Les commentateurs modernes ont donc pensé que Pouchet aurait pu obtenir gain de cause s'il était resté en lice – bien que ç'eût été pour de mauvaises raisons ! Il est bon de remarquer que l'on ne lit nulle part que Pasteur ait repris les expériences de Pouchet en utilisant du foin. En fait, sauf pour stigmatiser l'usage d'une lime à la place des pinces, il n'a quasiment jamais mentionné les expériences pyrénéennes, consacrant toute son énergie à critiquer les premières expériences « sous mercure » pour lesquelles il disposait d'explications toutes prêtes. Il va de soi que Pouchet avait réalisé ses expériences dans les Pyrénées sans recourir au mercure, le facteur contaminant supposé lors de ses travaux antérieurs. Comme le font remarquer Farley et Geison, « si Pasteur a jamais repris les expériences de Pouchet sans utiliser le mercure, il n'en a pas communiqué les résultats » (Farley et Geison, 1974, p. 33). Le débat touchait donc à sa conclusion comme si les expériences pyrénéennes n'avaient jamais eu lieu.

La différence entre le foin et la levure, comme nous le comprenons maintenant, ajoute une pointe d'ironie aux conclusions de la commission. Nous ne pouvons admettre cependant que Pouchet aurait été mieux avisé de poursuivre le débat, car ce serait considérer que les faits scientifiques parlent d'eux-mêmes. Les connaissances actuelles pourraient laisser croire que les expériences sur l'infusion de foin auraient réussi à convaincre une commission, même partiale, des signes clairs et nets de la génération spontanée. Nous ne le croyons pas. La commission aurait trouvé une explication pour rejeter les résultats obtenus par Pouchet.

Épilogue

Le fait mérite d'être remarqué que les partisans de Pasteur étaient en partie motivés par ce qui, de nos jours, apparaît comme une autre hérésie scientifique. On pensait à l'époque que le darwinisme était fondé sur la notion de génération spontanée. Dans une critique du darwinisme publiée l'année même où la seconde commission fut constituée, le secrétaire de l'Académie des sciences fit de la défaite de la génération spontanée son principal argument. Il écrivait : « La génération spontanée n'est plus. Non seulement M. Pasteur a éclairé la question, mais il l'a résolue. » (Cité dans Farley et Geison, 1974, p. 23.) On jugeait donc que Pasteur, en portant un coup fatal à la notion de génération spontanée, avait par la même occasion irrémédiablement sapé la théorie de l'évolution. Une hérésie en détruisait une autre. Ceux qui sont convaincus que, parce que « tout finit par s'arranger », la science en sort glorifiée feraient bien de réviser leur jugement.

Remarquons enfin que nous savons maintenant un certain nombre de choses qui auraient été de nature à contrarier le bon déroulement des expériences de Pasteur s'il avait souhaité les pousser un peu plus avant. Outre celles que l'on trouve dans le foin, il existe un certain nombre d'autres spores qu'une ébullition à 100°C ne réussit pas à détruire. Au début du XXe siècle, Henry Bastian soutint l'idée de la génération spontanée en découvrant de nouvelles spores résistantes à la chaleur. De plus, la dormance des bactéries ne dépend pas seulement de la chaleur mais aussi de l'acidité de la solution. Les spores qui semblent mortes dans une solution acide peuvent donner naissance à la vie en milieu alcalin. Les expériences qui ont été à la base du débat peuvent ainsi être mises en défaut de bien des manières. Pour être certain qu'un liquide est parfaitement stérilisé, il est nécessaire de le chauffer sous pression à une température avoisinant 160° et/ou de le chauffer et de le refroidir alternativement plusieurs fois à des intervalles de temps appropriés. Comme nous le savons maintenant, les expériences de Pasteur auraient pu – auraient dû – échouer de bien des façons. A notre humble avis, c'est ce qu'elles ont fait, mais Pasteur savait ce qui devait être considéré comme un résultat et ce qui devait l'être comme une « erreur ».

Pasteur était un grand savant, mais la manière dont il a agi ne s'approche guère de l'idéal de la méthode scientifique proposé de nos jours. On voit mal comment il aurait pu transformer à ce point notre conception de la nature des germes s'il avait dû adopter le modèle de comportement stérile qui passe aux yeux de beaucoup pour le parangon de l'attitude scientifique.

5. Une nouvelle fenêtre ouverte sur l'univers ? L'impossible détection du rayonnement gravitationnel

La détection des ondes gravitationnelles

En 1969, le professeur Joseph Weber de l'université du Maryland affirma avoir détecté un intense rayonnement gravitationnel en provenance de l'espace. Il avait utilisé un nouveau modèle de détecteur conçu par lui-même. L'importance du rayonnement qu'il avait mesuré était très supérieure aux prévisions théoriques des astronomes et des cosmologistes. Dans les années qui suivirent, les chercheurs tentèrent de vérifier ses affirmations. Aucun n'y parvint. En 1975, rares étaient les scientifiques, si tant est qu'il y en ait eu, à croire que le rayonnement de Weber était aussi important qu'il le prétendait. Mais, quoi qu'il semble maintenant, la théorie et l'expérience n'ont pu à elles seules trancher la question de l'existence du rayonnement gravitationnel.

On peut se faire une idée de ce rayonnement en le comparant à un rayonnement électromagnétique tel que les ondes radio. La plupart des scientifiques admettent que la théorie de la relativité générale d'Einstein implique que les corps en mouvement produisent des ondes gravitationnelles. L'ennui est qu'elles sont trop faibles pour être détectées facilement. Personne n'a encore proposé, par exemple, le moyen de produire sur Terre un rayonnement gravitationnel suffisamment important pour être détecté. Néanmoins, il est aujourd'hui admis qu'une fraction non négligeable des énormes quantités d'énergie produites par les événements cataclysmiques ayant lieu dans l'univers doit se dissiper sous forme de rayonnement gravitationnel et qui devrait être détectable sur Terre. Les explosions de supernovæ, les trous noirs et les étoiles binaires devraient produire des flux mesurables d'ondes gravitationnelles qui se traduiraient sur Terre par de légères oscillations de la valeur de « G » – la constante liée à la force d'attraction d'un objet sur un autre. Il est cependant déjà assez difficile de mesurer « G » elle-même.

La mesure de l'attraction gravitationnelle entre deux grosses boules de plomb effectuée par Cavendish en 1798 constitua un triomphe de la science expérimentale. Cette force d'attraction ne représentait que deux milliardièmes de leur poids. La détection du rayonnement gravitationnel est inimaginablement plus difficile encore du fait que l'effet d'un train d'ondes gravitationnelles n'entraîne guère qu'une fluctuation insignifiante de cette force, elle-même infime. A titre d'exemple, l'une des plus petites antennes gravitationnelles (ces détecteurs sont souvent appelés antennes) en fonctionnement en 1975 était enfermée dans une chambre à vide en verre. Sa masse était d'une centaine de kilos et pourtant l'impact sur cette masse métallique de la *lumière* émise par un petit flash suffisait à faire sortir l'oscillographe des limites habituelles.

La technique standard de détection du rayonnement gravitationnel fut mise au point par Weber à la fin des années 1960. Il cherchait à détecter des variations de longueur (dilatations ou contractions) d'un cylindre en alliage d'aluminium provoquées effectivement par les variations des forces gravitationnelles exercées sur ses différentes parties. Les variations de dimension d'un tel cylindre – dont le poids était souvent de plusieurs tonnes – provoquées par le passage d'une impulsion d'ondes gravitationnelles ne devrait pas dépasser une fraction du rayon d'un atome. Heureusement, le rayonnement est une oscillation et, si les dimensions du cylindre sont bien ajustées, il se mettra à vibrer ou à « sonner » comme une cloche, à la même fréquence que le rayonnement. Cela signifie que l'énergie de l'impulsion peut se transformer en quelque chose de mesurable.

Une antenne de Weber est constituée du lourd cylindre métallique et d'un ensemble de dispositifs transducteurs permettant de mesurer ses vibrations. La plupart utilisent des cristaux piézo-électriques sensibles à la déformation, collés ou fixés d'une manière quelconque au cylindre. Lorsque ces cristaux sont déformés, ils produisent un potentiel électrique. Dans un détecteur d'ondes gravitationnelles, le potentiel produit par la déformation subie par les cristaux est si infime qu'il est presque indétectable. Pour le mesurer, il convient donc de l'amplifier. L'amplificateur de signaux est par conséquent un élément essentiel du dispositif. Une fois amplifiés, ceux-ci peuvent être enregistrés graphiquement par un oscillographe ou mis en mémoire par un ordinateur pour être analysés.

Les dispositifs de ce genre ne détectent pas réellement des ondes gravitationnelles, mais les vibrations d'un cylindre métallique. Ils ne permettent pas de faire la distinction entre les vibrations dues au rayonnement gravitationnel et celles produites par d'autres forces. Si donc on veut tenter sérieusement de mettre en évidence les ondes gravitationnelles, le cylindre doit être protégé de toutes les autres perturbations d'origine électrique, magnétique, thermique, acoustique, sismique ou autre. Weber essaya d'y parvenir en suspendant le cylindre par un fil fin à l'intérieur d'une chambre à vide métallique. L'ensemble était isolé du sol de manière originale et efficace par un empilage de feuilles de plomb et de caoutchouc.

En dépit de ces précautions, le cylindre ne peut pas normalement rester au repos complètement. Tant qu'il est à une température supérieure au zéro absolu, il se produira des vibrations dues aux mouvements aléatoires de ses propres atomes ; les témoins de déformation enregistreront donc une émission continue de « bruit de fond thermique ». S'il est enregistré sur un papier millimétré par un oscillographe (comme dans beaucoup d'expériences), il prendra l'allure d'une ligne ondulée présentant une succession irrégulière de crêtes et de creux. Une onde de gravitation devrait apparaître sous forme d'un pic particulière-

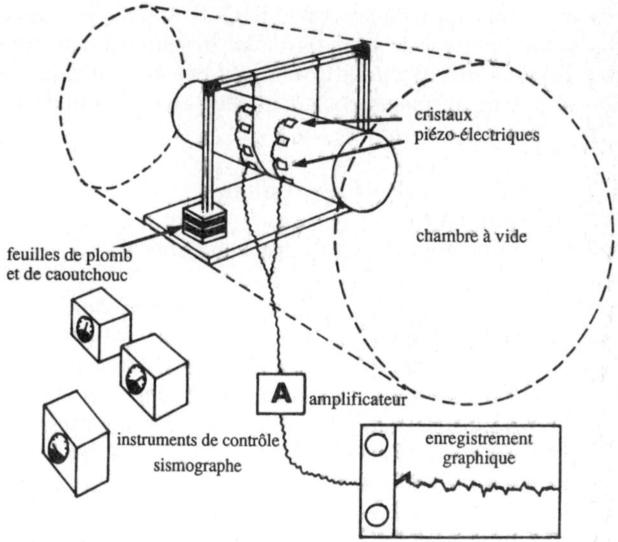

Figure 6. Comparez la méthode d'isolation sismique utilisée par Weber et les fondations de béton massives sur lesquelles étaient réalisées les expériences de Michelson et Morley (voir le chapitre 2 sur la dérive éthérique). Des fondations massives rendent le dispositif étroitement solidaire du sol et il est alors inévitable que les vibrations lui soient transmises (souvenons-nous que Michelson s'aperçut que son dispositif pouvait être perturbé par le martèlement des pieds des passants à 100 mètres du laboratoire). Les détecteurs utilisés par Weber sont beaucoup moins sensibles grâce à leur système d'isolation ingénieux et à la bande passante étroite du rayonnement étudié.

ment haut, mais il est nécessaire de définir le seuil au-delà duquel un pic doit être considéré comme représentatif d'une onde de gravitation et non plus du « bruit de fond » indésirable. Aussi élevé que soit le seuil, il faut s'attendre cependant à ce qu'il soit dépassé de temps à autre par un pic uniquement dû à ce « bruit de fond ». Pour être certain que des ondes gravitationnelles ont été détectées, il convient d'estimer le nombre de pics accidentels provoqués par le bruit seul, puis de s'assurer que le nombre total de pics dépassant le seuil est supérieur à celui-là. En 1969, Weber affirma qu'il détectait quelque sept pics par jour qui ne pouvaient être imputés au seul bruit de fond.

Point de vue actuel sur les résultats obtenus par Weber et le rayonnement gravitationnel en général

Pratiquement personne n'accepte plus aujourd'hui les affirmations de Weber. Cependant, les recherches sur le rayonnement gravitationnel se poursuivent. Les résultats obtenus par Weber ont été accueillis avec scepticisme, car il constatait apparemment un rayonnement gravitationnel bien trop important pour être compatible avec les théories cosmologiques actuelles. A supposer que l'univers soit uniforme et que le rayonnement gravitationnel ne soit pas concentré à la fréquence que Weber était le mieux à même de détecter, si on effectuait une extrapolation à partir de ses résultats, la quantité d'énergie apparemment produite aurait eu pour effet de faire « se consumer » rapidement – à l'échelle cosmologique – le cosmos. Ces calculs donnaient à penser que Weber se trompait de beaucoup. Les instruments que l'on est en train de mettre au point sont conçus pour détecter les rayonnements les plus faibles dont les cosmologistes estiment l'existence possible. Les nouvelles antennes sont un milliard de fois plus sensibles ; elles devraient pouvoir détecter des flux un milliard de fois plus faibles que ceux annoncés par Weber.

Quoique personne n'ait cru à ses premiers résultats en raison de l'importance du rayonnement qu'il prétendait avoir constaté, Weber réussit par la suite à ce qu'on prenne ses travaux plus au sérieux. Au début des années 1970, il leur donna des développements intéressants, et amena d'autres laboratoires à tenter de retrouver ses résultats. L'un des faits nouveaux les plus probants était que les pics supérieurs au seuil étaient signalés simultanément par deux ou plusieurs détecteurs situés à des milliers de kilomètres les uns des autres. A première vue, il semblait que seule une perturbation d'origine extraterrestre, telles des ondes gravitationnelles, pût être à l'origine de ces observations simultanées. Autre élément de preuve, Weber s'aperçut que son détecteur enregistrait des pointes d'activité qui apparaissaient toutes les vingt-quatre heures environ. Cela laissait à penser que la source de cette activité avait un rapport avec la rotation de la Terre. Le détecteur étant transporté avec la Terre dans son mouvement, on pouvait s'attendre à ce qu'il enregistre des variations dans le rayonnement si celui-ci provenait essentiellement d'une direction particulière de l'espace. La périodicité de vingt-quatre heures indiquait par conséquent que c'était une source de rayonnement extraterrestre, et non pas une perturbation parasite venant de la Terre, qui faisait vibrer ses détecteurs.

Qui plus est, la périodicité semblait à première vue liée à la position de la Terre par rapport à la galaxie plutôt que par rapport au Soleil – la périodicité liée à la journée astronomique. C'était là un point important, car du fait que la Terre se déplace en orbite autour du Soleil, on avait la possibilité d'attendre l'heure du jour où le détecteur était le plus sensible aux changements saisonniers. (Le cas de figure est le même que dans l'expérience de Michelson-Morley – voir le chapitre 2 sur la dérive éthérique.) Tout portait à croire que la source de rayonnement se trouvait à l'extérieur du système solaire – autre présomption importante en faveur du fait que la vibration du détecteur devait être provoquée par des événements cosmiques et non par des phénomènes locaux et sans intérêt. Cet effet fut baptisé « corrélation sidérale » : on voulait dire par là que le maximum d'activité du détecteur était lié aux rapports de la Terre avec les étoiles et non avec le Soleil.

Persuader les autres

Arrivés à ce point de notre exposé, il est utile de noter que, lorsqu'on fait état de résultats inattendus, si l'on veut être à même de persuader les autres de les prendre suffisamment au sérieux pour se donner la peine ne serait-ce que de les vérifier, il ne faut pas se contenter de les rapporter. Pour avoir une chance de se faire admettre, l'expérience proposée doit d'abord sortir du laboratoire de son auteur. Persuader les autres scientifiques d'essayer d'en *démontrer la fausseté* est un premier pas utile. Le bien-fondé de différents aspects des travaux expérimentaux de Weber n'était pas également reconnu par tous les chercheurs. Certains trouvaient que tel d'entre eux était convaincant alors que d'autres pensaient le contraire. Ainsi, l'un des premiers résultats auquel Weber aboutit fut de démontrer la coïncidence des signaux produits par des détecteurs séparés par de grandes distances. Certains y croyaient et, à l'époque (1972), un chercheur avait dit à Collins :

> [Je] lui ai écrit en l'interrogeant en particulier sur ces triples ou quadruples coïncidences car, pour moi, c'est là le critère essentiel. Le risque de voir trois ou quatre détecteurs se déclencher en même temps est infime.

D'autres scientifiques pensaient au contraire que ces coïncidences pouvaient facilement s'expliquer par l'électronique, la chance ou quelque autre raison. Ainsi, disait l'un,

> il s'avéra au fil de la discussion que la barre située à X et la barre qui se trouvait à Y n'avaient pas du tout un système électronique indépendant. [...] Les deux signaux comportaient un tronc commun très important. Je lui ai dit qu'il n'y avait rien d'étonnant à ce qu'il relevât des coïncidences. Tout bien pesé, j'ai de nouveau rejeté l'ensemble de l'opération.

Weber compliqua l'expérience en retardant les impulsions mesurées par l'un des détecteurs avant de les comparer avec celles d'un autre détecteur éloigné du premier. Dans ces conditions, il ne pouvait y avoir coïncidence – en d'autres termes, toute coïncidence était purement accidentelle. Weber montra que le nombre de signaux simultanés diminuait en fait lorsqu'un signal était retardé par rapport à un autre, suggérant ainsi que le résultat n'avait rien à voir avec l'électronique ou avec la chance. Plusieurs chercheurs jugèrent que cette variante de l'expérience était convaincante, d'autres étaient de l'avis contraire.

La corrélation que Weber avait décelée entre les pointes d'activité du rayonnement gravitationnel et le temps stellaire était pour certains scientifiques le fait saillant qui demandait à être expliqué :

> Les expériences qui prévoyaient un retard ne m'ont pas du tout convaincu. Vous pouviez imaginer cent autres artifices susceptibles de faire disparaître la coïncidence. [...] A mon sens, la corrélation sidérale est la seule chose qui dans tout ce travail est remarquable et mérite qu'on s'y arrête. [...] Si cette corrélation se révélait fausse, vous pourriez classer l'affaire.

A l'encontre de ces affirmations, deux autres faisaient remarquer :

> Beaucoup d'entre nous ont finalement été convaincus lorsqu'il a annoncé qu'un ordinateur avait analysé les données et abouti au même résultat.
> Ce qu'il y a de plus convaincant, c'est qu'il l'a mis dans un ordinateur [...].

Mais un autre affirmait :

> Il a dit, vous le savez, qu'il se déchargeait de la création des programmes informatiques sur d'autres. Je ne sais pas ce que cela signifie [...]. Ce qui me gêne – et je ne suis pas le seul – c'est la façon dont il a analysé les données, et qu'il l'ait fait par ordinateur ne change pas grand-chose [...].

Concevoir une expérience de façon qu'elle convainque autrui exige autant d'éloquence que de compétence scientifique.

La régression de l'expérimentateur

En 1972, plusieurs autres laboratoires avaient construit ou étaient en train de construire des antennes afin de rechercher le rayonnement gravitationnel. Trois autres avaient déjà opéré depuis assez longtemps à ce moment-là pour être en mesure de faire état de résultats négatifs. Nous devons maintenant imaginer les problèmes auxquels était confronté un chercheur désireux de reproduire l'expérience de Weber : il a mis en place un dispositif délicat et, pendant des mois, l'a observé fonctionner et régurgiter des mètres et des mètres de papier millimétré recouvert de zigzags. La question est celle-ci : y a-t-il dans tous ces zigzags des pics qui représentent l'impulsion d'ondes de gravitation réelles et non pas un simple « bruit de fond » ? Si la réponse paraît négative, la question suivante est alors de savoir s'il convient de publier ces résultats, impliquant ainsi que Weber se trompe et qu'on ne peut détecter d'intenses flux d'ondes gravitationnelles. Parvenu à ce stade, l'expérimentateur doit prendre une décision difficile ; il peut se faire que ces ondes existent vraiment et que les résultats négatifs aient été faussés d'une manière quelconque. Le seuil que l'on a établi pour déterminer quels pics doivent être pris en compte peut, par exemple, être mal choisi, l'amplificateur peut ne pas être aussi sensible que celui de Weber, le cylindre métallique peut ne pas avoir été suspendu comme il fallait ou bien encore les cristaux ont été peut-être insuffisamment collés pour transmettre les signaux. En pareil cas, *et* s'il s'avérait que des flux importants d'ondes gravitationnelles existaient bien, le chercheur n'aurait réussi qu'à prouver sa propre incompétence en matière d'expérience.

La situation est ici tout à fait différente de celle qu'on rencontre dans les travaux pratiques scolaires ou universitaires. L'étudiant peut avoir une bonne idée de la valeur de son expérience en se reportant au résultat. Si ce résultat tombe dans la bonne zone, cela veut dire que l'expérience a été réalisée correctement ; s'il en sort, l'expérience n'a pas marché. En pratique, et dans des cas aussi épineux que les ondes gravitationnelles et les autres que nous exposons dans ce livre, la question est « *Quelle est le bon résultat ?* » En clair, la connaissance du résultat ne permet pas de résoudre le problème. Le résultat correct consiste-t-il à détecter ou à ne pas détecter des ondes gravitationnelles ? Puisque l'existence des ondes gravitationnelles est le nœud même du problème, il est impossible de savoir quelle est la bonne réponse.

Le choix de la bonne réponse dépend donc de savoir s'il y a ou non des ondes gravitationnelles qui frappent la Terre en quantité détectable. Pour le savoir, il nous faut fabriquer un bon détecteur et observer. Mais nous ne saurons pas si notre détecteur est bon avant de l'avoir essayé et d'avoir obtenu la bonne réponse. Et nous ne saurons pas quelle est la bonne réponse tant que… et ainsi de suite *ad infinitum*.

On peut appeler ce cercle vicieux la « régression de l'expérimentateur ». Le travail expérimental ne peut servir de *vérification* que si l'on trouve le moyen de briser le cercle vicieux. On y parvient la plupart du temps parce qu'on en arrive finalement à savoir quels sont les bons résultats. Cela permet de disposer d'un critère universel de qualité en matière expérimentale. Quand ce critère bien défini n'existe pas, on ne peut sortir du cercle vicieux qu'en trouvant d'autres moyens pour définir la qualité de l'expérience ; et le critère doit être indépendant du résultat de l'expérience elle-même.

Les scientifiques au travail

A quoi aboutit la régression de l'expérimentateur ? Parce que nul ne sait ce que l'on doit considérer comme le bon résultat, il n'est pas facile de dire qui a réussi son expérience. Dans le cas qui nous occupe, on peut donc s'attendre à voir les chercheurs ne pas s'entendre sur le fait de savoir qui a effectué correctement l'expérience, si tel résultat est dû à l'incompétence de l'expérimentateur et/ou à des défauts du dispositif expérimental. Certains penseront que Weber a cru déceler des ondes gravitationnelles parce que ses méthodes ou son matériel étaient défectueux. D'autres imputeront l'*échec* de cette recherche du rayonnement à un manque de savoir-faire, de persévérance ou à la malchance. L'un des auteurs de ce livre, Collins, a interrogé la plupart des chercheurs qui ont participé aux travaux sur les ondes gravitationnelles en Grande-Bretagne et en Amérique. Les commentaires suivants, tirés d'interviews menées en 1972, montrent à quel point varie le regard qu'ils portent sur les travaux des autres. Dans chaque cas, trois chercheurs appartenant à trois laboratoires différents commentent les travaux d'un quatrième.

Commentaires sur l'expérience réalisée à « W »

Chercheur (a) : [...] c'est pourquoi le matériel qu'ils ont à W, malgré toute sa complexité, possède certaines caractéristiques qui, s'ils détectent quelque chose, leur permet d'être plus crédibles. [...] On voit qu'ils l'ont vraiment pensé [...].

Chercheur (b) : Ils espèrent obtenir une grande sensibilité, mais, franchement, je ne les crois pas. Il y a des méthodes plus subtiles que la force brute [...].

Chercheur (c) : Je pense que ceux de W ont perdu la tête.

Commentaires sur l'expérience réalisée à « X »

Chercheur (A) : [...] il travaille dans un tout petit labo, mais j'ai examiné ses résultats, et il est certain qu'il en a d'intéressants.

Chercheur (B) : Je ne suis pas vraiment impressionné par ses capacités et j'ai plus de doutes sur tout ce qui vient de lui que sur ce que font les autres.

Chercheur (C) : Cette expérience, c'est de la merde !

Commentaires sur l'expérience réalisée à « Y »

Chercheur (1) : Ses résultats sont très impressionnants. C'est du travail de pro et ça a l'air d'être du sûr.

Chercheur (2) : Si vous voulez mon avis, et pourtant nous sommes bons amis, sa sensibilité est [faible]... et il n'a absolument aucune chance [de détecter les ondes gravitationnelles].

Chercheur (3) : Si vous faites comme Y et que vous vous contentez de donner les chiffres à des filles pour qu'elles les traitent, c'est sûr que vous ne savez plus où vous en êtes. Vous ne savez même pas si ces filles ne sont pas en train de discuter avec leur petit ami en même temps.

Commentaires sur l'expérience réalisée à « Z »

Chercheur (I) : L'expérience de Z est très intéressante et on ne devrait pas l'éliminer sous le seul prétexte que l'équipe est incapable de la répéter.

Chercheur (II) : L'affaire de Z m'impressionne beaucoup.

Chercheur (III) : Et puis il y a l'affaire de Z. C'est une imposture complète !

Non seulement les opinions des scientifiques concernant une même expérience divergent, mais chaque expérience se différencie de toutes les autres d'innombrables manières. De fait, il est difficile de savoir ce que réaliser une expérience *identique* à une autre veut dire. Comme le dit un chercheur :

> Il est inévitable que dans une expérience comme celle-ci on ait beaucoup d'échecs lorsqu'on se met pour la première fois « sur les ondes », car l'effet est si infime que toute différence minime dans le matériel peut entraîner des différences considérables dans les observations. [...] Ce que je veux dire, c'est que lorsqu'on se prépare à reproduire une expérience, il y a un tas de choses qui ne sont précisées nulle part, dans des articles

> ou ailleurs. Il y a bien les soi-disant techniques standard, mais ces techniques, il arrive souvent qu'il faille les appliquer d'une certaine manière.

Il n'est donc pas difficile de trouver une différence qui expliquera et justifiera le point de vue d'un chercheur sur les travaux d'un autre. Des variations dans les techniques de traitement des signaux, dans la conception de l'amplificateur, dans le matériau du cylindre métallique (a-t-il subi un fluage ?), dans le procédé de fixation des cristaux piézo-électriques, et de nombreux autres facteurs étaient cités à l'appui ou à la charge des expériences. Les jugements portés sur les expériences des autres n'étaient pas seulement fondés sur des arguments techniques. Les raisons de les mettre en doute sortaient de ce que l'on considère en général comme étant le domaine de la science. En 1972, les expérimentateurs devaient trouver hors de la technique des motifs pour accepter ou rejeter les résultats obtenus par leurs pairs. Citons notamment :

1. La confiance, fondée sur une collaboration antérieure, dans les capacités et l'honnêteté professionnelles d'un chercheur.
2. Sa personnalité et son intelligence.
3. La réputation acquise à la tête d'un laboratoire important.
4. Le fait qu'un chercheur ait ou non travaillé dans l'industrie ou l'enseignement.
5. L'historique de ses échecs passés.
6. Les informations venues « de l'intérieur ».
7. Le style et la présentation des résultats.
8. La perception « psychologique » des résultats.
9. L'importance et le prestige de l'université d'où vient le chercheur.
10. Son degré d'intégration à divers réseaux scientifiques.
11. Sa nationalité.

Comme le dit l'un d'eux en expliquant pourquoi il ne croit pas aux résultats obtenus par Weber :

> Vous voyez, tout ça n'a pas grand-chose à voir avec la science. Nous allons finalement reprendre son expérience et vous verrez que je n'arriverai pas à la décortiquer aussi soigneusement que je le voudrais.

La compétence des expérimentateurs et l'existence des ondes gravitationnelles

Ces discussions sur la qualité du travail de chacun sont une partie essentielle du débat sur l'existence des ondes gravitationnelles. Une fois que l'on a défini en quoi doivent consister les expériences, il devient facile de dire qui a raison : ceux qui ont détecté les ondes gravitationnelles ou ceux qui n'y sont pas parvenus. On sait donc si ces ondes sont détectables ou si elles ne le sont pas. D'autre part, lorsqu'on sait s'il est possible de les détecter, on sait quels sont les bons détecteurs. Si les ondes gravitationnelles existent, le bon appareil est celui qui permet de les détecter ; si elles n'existent pas, les bonnes expériences sont celles qui ne les font pas apparaître. Par conséquent, définir quel est le bon détecteur et déterminer si les ondes gravitationnelles existent revient au même. Les aspects scientifiques et sociaux sont indissociables. Voilà comment l'expérimentateur sort du cercle vicieux où l'avait enfermé la régression.

Le rayonnement gravitationnel : 1975

Après 1972, les événements prirent de plus en plus mauvaise tournure pour Weber. En juillet 1973, des résultats négatifs furent publiés à deux semaines d'intervalle dans la revue scientifique *Physical Revue Letters* par deux équipes distinctes. En décembre de la même année, une troisième faisait état elle aussi de résultats négatifs dans *Nature*. Ces mêmes équipes et trois autres publièrent encore d'autres articles affirmant qu'en dépit de la plus grande sensibilité des détecteurs, il était impossible de mettre en évidence quoi que ce soit. Personne n'a depuis lors déclaré avoir obtenu des résultats qui viennent corroborer ceux de Weber.

En 1972, quelques chercheurs croyaient en l'existence de flux importants d'ondes de gravitation et ils étaient très peu nombreux à *se déclarer ouvertement* contre leur existence. En 1975, un certains nombre d'entre eux avaient consacré du temps et de l'énergie à faire le procès de Weber. La plupart des autres admettaient qu'il se trompait et, hormis Weber lui-même, un seulement estimait que les recherches valaient la peine d'être poursuivies. On peut considérer que le problème posé par la régression de l'expérimentateur avait été effectivement résolu en 1975 – presque tout le monde savait que l'antenne grâce à laquelle on avait détecté d'importants flux d'ondes de gravitation ne valait pas grand-chose et ne permettait pas de mener à bien l'expérience. Comment en était-on arrivé là ?

Apparemment, Weber n'était pas surpris par cette avalanche de résultats négatifs. Puisqu'un résultat négatif est la chose la plus facile à obtenir, estimait Weber (c'est ce que rapportait un de ses partisans), il fallait s'attendre à ce qu'on en annonce beaucoup :

> […] à peu près à cette époque [1972], Weber nous avait rendu visite et il nous avait dit, ce qui me paraît juste, que « la recherche sur les ondes gravitationnelles allait connaître des temps très difficiles », car il avait travaillé pendant dix ou douze ans pour recueillir des signaux et, ajoutait-il, il est très facile d'attaquer une expérience : si on ne trouve rien, on ne cherche pas à comprendre pourquoi on n'a rien trouvé et on se contente de publier un article. On dit seulement : « Je n'ai rien trouvé » et ce n'est pas sans conséquence. Il pensait donc que les choses allaient se gâter.

Mais il est difficile de retirer une certitude totale d'une expérience qui n'aboutit à rien. Il est difficile de voir ce qui permettait aux autres chercheurs d'être si sûrs que leurs résultats négatifs étaient corrects tant que Weber persistait à affirmer avoir détecté des ondes gravitationnelles. Pourquoi n'étaient-ils pas plus prudents ? Comme le faisait remarquer l'un d'eux :

> [...] [une des différences majeures entre Weber et les autres est que Weber] avait vécu pendant des semaines et des mois en compagnie de son appareil expérimental. En procédant ainsi et en essayant de tirer le meilleur parti du matériel dont vous disposez, vous vous apercevez [par exemple] qu'un tube que vous avez choisi parmi, disons, cent autres, ne fonctionne à bas bruit que pendant un mois si vous êtes bien tombé, et plus probablement pendant une semaine. Quelque chose se produit, une parcelle microscopique se détache de la cathode, et maintenant votre tube a un point bruyant. Les vérifications nécessaires pour le découvrir sont longues et fastidieuses. Et, vu de l'extérieur, votre système est exactement le même.
> Bien souvent, vous avez l'impression que votre système fonctionne comme il faut et il n'en est rien. Ce qu'a fait Weber et lui seul, c'est qu'il s'est donné à son système – donné de toute sa personne et avec toutes ses compétences d'ingénieur en électricité que les autres gars ne possèdent pas. [...]
> Weber est ingénieur en électricité et physicien et s'il s'est avéré que, lui, détectait des ondes gravitationnelles et que les autres n'y réussissaient pas, l'explication est là, c'est qu'ils ne se sont pas véritablement voués à leur expérience. [...] J'attache beaucoup d'importance au fait de vivre avec son matériel. C'est un peu comme lorsqu'on en vient à connaître très bien quelqu'un – après un certain temps, vous êtes capable de dire à votre femme qu'elle n'est pas dans son assiette alors qu'elle ne le sait pas elle-même.

Cet aspect du travail expérimental devrait rendre les scientifiques circonspects quand il s'agit de tirer des conclusions claires d'un ensemble de résultats négatifs. C'est une autre façon d'illustrer la régression de l'expérimentateur. Comment pouvaient-ils être assez sûrs d'eux pour condamner les découvertes de Weber ?

Comment s'est clos le débat ?

En 1975, la majorité des chercheurs s'accordaient à dire que l'expérience de Weber n'était pas pertinente, mais les raisons invoquées étaient très différentes. Certains en avaient été convaincus parce que, à un moment donné, Weber avait fait une grossière erreur en programmant son ordinateur ; d'autres estimaient pourtant que l'erreur avait été corrigée de manière satisfaisante en temps voulu. Certains estimaient que les analyses statistiques de l'intensité du bruit de fond et du nombre de pics résiduels étaient inadéquates alors que d'autres ne jugeaient pas cette question décisive.

Weber avait également commis une erreur malencontreuse lorsqu'il avait affirmé avoir relevé une coïncidence entre les signaux émis par son propre détecteur et celui d'un autre laboratoire. Cette coïncidence avait été mise en évidence en comparant les données enregistrées par les bandes des deux détecteurs. Malheureusement pour Weber, il s'avéra qu'à la suite d'une confusion entre des plages de temps, les deux sections des bandes qu'il avait comparées avaient été enregistrées à plus de quatre heures d'intervalle, de sorte qu'il avait en fait pris pour un signal ce qui n'était qu'un vulgaire bruit de fond. Une fois de plus, cependant, il n'avait pas manqué de chercheurs pour penser que les conséquences n'avaient pas été trop graves puisque l'intensité du signal constaté était loin d'être significative statistiquement.

D'autres avaient attaché une grande importance au fait qu'au fil des années Weber avait négligé d'augmenter le rapport signal/bruit de ses résultats. On pouvait en effet s'attendre à ce que, améliorant son matériel, il obtienne des signaux plus intenses. En réalité, le signal « net » semblait même diminuer d'intensité. Aux yeux de nombreux chercheurs, ce n'était pas ainsi que le travail scientifique moderne devait être mené. Qui plus est, la corrélation avec le temps stellaire que Weber avait tout d'abord relevée avait cessé d'être apparente. Cependant, une fois encore, seuls un ou deux chercheurs jugeaient ces critiques décisives ; après tout, rien n'obligeait à croire qu'une source cosmique d'ondes gravitationnelles devait rester constante.

Il va presque sans dire que l'unanimité quasi totale des résultats négatifs obtenus par les autres laboratoires pesait lourdement dans la balance. Néanmoins, cette demi-douzaine d'expériences négatives étaient toutes durement critiquées par Weber et, ce qui était plus grave, cinq d'entre elles l'étaient par un ou plusieurs des critiques de Weber lui-même ! Compte tenu de l'analyse que nous avons faite dans les premières sections de cet ouvrage, cela n'a rien de surprenant. La seule expérience à ne pas avoir été critiquée par les adversaires de Weber avait été conçue pour être la copie conforme de l'expérience originale. Personne ne la jugea décisive.

Il semble que la critique acérée, l'analyse méticuleuse et le style polémique de l'un des membres les plus influents de la communauté des physiciens, Richard Garwin, ait joué un rôle déterminant dans ce débat. Comme le dit un chercheur :

> […] s'agissant de la communauté scientifique dans son ensemble, il est probable que c'est l'article de Garwin qui a en gros décidé de son attitude. En fait, l'expérience qu'ils avaient réalisée était des plus courantes – ce n'était pas grand-chose… Mais c'est la façon dont ils l'ont décrite […]. Personne ne savait à quoi s'en tenir […]. Tout le monde était hésitant […]. Puis Garwin est entré en lice. C'est sa façon de présenter les choses qui a fait de l'effet.

« Garwin […] parle plus fort que tout le monde et il a fait une très bonne analyse des données », disait un autre chercheur. Et un troisième : « [L'article de Garwin] était très clair et, finalement, tout le monde s'est laissé plus ou moins convaincre. »

Lorsque les premiers résultats négatifs furent publiés en 1972, ils étaient accompagnés d'un inventaire exhaustif de toutes les possibilités logiques d'erreur. Comme il est compréhensible, les premiers à critiquer Weber ne se sont pas trop avancés. Peu après, suivit le rapport expérimental catégorique de Garwin, accompagné d'une analyse minutieuse des données et de l'affirmation péremptoire que ses résultats étaient « substantiellement en désaccord avec ceux rapportés par Weber ». Puis, comme le dit un partisan de Weber, « cela déclencha l'avalanche et ensuite tout le monde se tut ».

Pour ce qui est des *résultats expérimentaux*, il ressort que la série des expériences négatives permit à ceux qui rejetaient avec force et conviction les résultats obtenus par Weber de s'exprimer ouvertement, mais que cette conviction se forgea seulement après que ce qu'on pourrait appeler une « masse critique » de comptes rendus d'expériences se fut accumulée. Cette accumulation avait été déclenchée par Garwin.

Celui-ci était convaincu depuis le début que Weber se trompait. Fort de cette conviction, il agit de la manière qu'il jugea appropriée. Il fit ainsi en sorte que certaines des erreurs commises par Weber reçoivent la publicité la plus large à l'occasion d'un colloque et il écrivit à une revue de physique connue une « lettre » dont est tiré cet extrait :

> [on a montré] que sur une bande presque toutes les soi-disant coïncidences « réelles » résultaient de cette seule erreur de programmation. Par conséquent, non seulement certains phénomènes autres que la gravitation *pouvaient* avoir, mais aussi *avaient* en fait, été la cause de ce taux excessif de coïncidence [des données] dans le temps. [c'est Garwin qui souligne]

et ce jugement sans appel :

> L'équipe de Weber n'a en aucun cas prouvé de manière crédible l'existence du rayonnement gravitationnel qu'elle prétend avoir détecté.

A propos des derniers travaux de Garwin, un membre de son équipe me faisait remarquer : « A ce moment-là, ce que l'on faisait n'était plus de la physique. Il est possible de se demander si à une époque ç'en a été, mais ce qui est sûr, c'est que ce n'en était plus à ce moment-là », et encore : « Nous voulions uniquement voir s'il était possible de couper court à tout cela sans que ça traîne en longueur pendant vingt ans. »

Sans l'action menée par Garwin et son équipe, il est par conséquent difficile de dire comment la controverse se serait terminée. Qu'il ait fallu cette intervention pour y mettre un terme est une fois de plus la conséquence de la régression de l'expérimentateur.

Conclusion

Nous avons montré comment le cercle vicieux de la régression avait été brisé dans le cas des ondes gravitationnelles. Le poids de plus en plus grand des comptes rendus, dont aucun n'était décisif à lui seul, fut en quelque sorte concrétisé par Garwin. Après qu'il se fut prononcé, seules les expériences qui avaient abouti à des résultats négatifs furent prises en compte et plus personne ne détecta de flux importants d'ondes gravitationnelles. De ce fait, toutes les expériences ultérieures qui donnaient des résultats positifs devaient être considérées comme des échecs.

En matière scientifique, le seul fait de faire état d'un résultat expérimental ne suffit pas à rendre crédible une découverte peu ordinaire. Si l'on veut qu'elle soit prise suffisamment au sérieux par les autres chercheurs, ne serait-ce que pour tenter de la rejeter, il faut la présenter avec beaucoup de clarté et d'habileté. Weber dut faire subir une longue série de modifications à la présentation de ses résultats avant qu'on leur prêtât réellement attention. Ensuite, lorsque la controverse fut lancée, la seule combinaison de la théorie et de l'expérience ne suffit plus à elle seule à régler la question ; la régression de l'expérimentateur l'en empêchait. Nous avons vu de quelle façon certaines questions avaient été finalement tranchées. Ces mécanismes de résolution ou de « clôture » des débats ne sont pas en général considérés comme des activités « scientifiques » et cependant, sans eux, la science, avec toutes les controverses qu'elle implique, ne pourrait progresser.

Il est important de remarquer que la question des ondes gravitationnelles ne se présentait plus du tout de la même manière après la résolution de la controverse qu'avant. *Avant* cette résolution, il existait une incertitude importante et réelle, et celle-ci était tout à fait justifiée. En dépit de la quantité importante de travaux scientifiques qui avaient été effectués et du nombre considérable de résultats expérimentaux et théoriques disponibles, les choses n'étaient pas claires. A l'époque, on ne pouvait reprocher à personne de penser que les deux possibilités existaient et de répugner à se prononcer en faveur de l'une ou de l'autre. *Après* la résolution, tout était clair : les flux importants d'ondes gravitationnelles n'existaient pas et seuls les chercheurs incompétents pensaient en avoir détecté.

Cependant, cet exemple montre également que, une fois close, une controverse peut être réouverte. Le professeur Joseph Weber a toujours pensé que ses résultats étaient exacts et, surtout depuis 1982, après la fin de notre récit, il a publié des articles proposant de nouveaux arguments et de nouvelles preuves à l'appui de ses conceptions. Il reste à savoir s'ils retiendront l'attention de la communauté scientifique.

En 1972, antérieurement à la résolution, la question des ondes gravitationnelles appartenait à ce domaine de la science qu'il est rarement donné aux étudiants de connaître ou qu'ils ne comprennent pas. Néanmoins, afin d'insister sur un point sur lequel nous nous étendrons dans la conclusion de ce livre, ce domaine de la science est de ceux auxquels le chercheur sera peut-être confronté un jour et sur lequel on demande à l'homme de la rue de réfléchir lorsqu'il doit, par exemple, se prononcer sur des faits en tant que membre d'un jury, participer à des enquêtes publiques sur des questions techniques, ou encore voter pour une politique liée à des matières techniques, telles que la défense ou l'énergie. Pour de nombreuses raisons, il est donc tout aussi important de connaître cette face cachée de la science que son homologue plus connue *.

* Des détecteurs d'un type nouveau – des « interfiromètres laser » qui ne sont pas sans rappeler celui de Michelson – sont actuellement en construction et permettront peut-être la détection directe sur Terre des ondes gravitationnelles. Il s'agit du projet américain Ligo et du projet européen Virgo. Ajoutons que des indications astronomiques très convaincantes de l'existence d'ondes gravitationnelles ont été fournies par l'étude des pulsars binaires, et ont valu le prix Nobel de physique 1993 à J. H. Taylor et R. A. Hulse *(NdE)*.

6. La vie sexuelle du lézard à queue en fouet

Introduction

On peut taxer David Crews, professeur de zoologie et de psychologie à l'université du Texas, de voyeurisme. Il passe en effet une bonne partie de son temps à observer l'étrange vie sexuelle des reptiles – lézards ou serpents. Son travail présente un grand intérêt pour les biologistes, mais il est parfois controversé. Nous nous occuperons dans ce chapitre d'un ensemble d'observations qu'il a réunies sur le comportement sexuel d'une espèce particulière : le lézard à queue en fouet. Cependant, en matière d'introduction à la vie galante des reptiles étudiée par Crews, nous examinerons tout d'abord ses travaux moins controversés sur le serpent à jarretières rouges.

Les conditions de vie offertes par le climat arctique du Canada occidental sont vraisemblablement les plus rudes auxquelles soient confrontés les vertébrés sur la planète. C'est là que vit le serpent à jarretières rouges. Afin de survivre au long hiver arctique, les serpents ont découvert cette astuce physiologique qu'est la cryoconservation. Leur sang s'épaissit considérablement et leurs principaux organes cessent presque complètement de fonctionner, présentant des niveaux d'activité à peine détectables. Néanmoins, lorsqu'arrive le printemps, ils subissent une transformation rapide afin de se préparer à l'accouplement.

L'accouplement a lieu durant une courte période d'intense activité. Les mâles sortent les premiers de leur profonde hibernation et passent de trois jours à trois semaines à « lézarder » au soleil près de l'entrée de leur trou. Lorsque les femelles sortent à leur tour, que ce soit seules ou en petits groupes, les mâles sont attirés par une phéromone (substance messagère) qui se trouve sur leur dos. Les mâles sont jusqu'à 100 à converger et à former un « nœud amoureux ». Quand un mâle a réussi à s'accoupler, les autres se dispersent immédiatement. La femelle qui, en s'accouplant, a reçu de son partenaire une phéromone, est devenue sans attrait pour les autres mâles et quitte la scène. Ceux-ci se regroupent alors et attendent à l'entrée du trou la sortie d'autres femelles avec lesquelles s'accoupler.

Pourquoi les biologistes s'intéressent-ils à cet étrange rituel ? Crews est un spécialiste de la neuroendocrinologie du comportement. Il étudie l'évolution des systèmes qui, dans le corps, déterminent la reproduction et le comportement sexuel. Il utilise à cette fin toute une gamme de techniques – en particulier observation du comportement, examen des organes et analyse des substances contenues dans le sang. Des comparaisons sont effectuées avec d'autres espèces. Le serpent à jarretières présente un intérêt tout particulier aux yeux de Crews en raison de la synchronisation de son comportement sexuel et de sa physiologie avec les exigences du milieu. Ses pratiques sexuelles peuvent nous paraître étranges, mais elles sont parfaitement adaptées aux conditions extrêmes dans lesquelles ils vivent. Pour Crews, le comportement des serpents à jarretières illustrait à merveille la manière dont les facteurs environnementaux peuvent influer sur l'évolution et le développement de divers aspects de la reproduction. En raison de l'importance du rôle qu'il attribue au milieu, on peut estimer que Crews prend position dans l'un des plus anciens débats de la biologie – celui de l'inné et de l'acquis.

L'intérêt porté par Crews à la physiologie de la reproduction est d'une certaine manière inhabituel dans le domaine traditionnel de l'étude des reptiles. Ses travaux participent à la fois de ceux des herpétologistes, qui étudient serpents et lézards du point de vue de l'histoire naturelle, et de ceux des neuroendocrinologistes, qui comparent divers systèmes hormonaux sans nécessairement faire le lien entre leurs travaux et le comportement sexuel des espèces étudiées. En s'intéressant à l'évolution et en comparant plusieurs espèces, Crews a également trouvé un auditoire auprès des théoriciens de l'évolution, des spécialistes de la biologie comparée, des zoologues et des psychologues. Comme beaucoup de scientifiques novateurs, Crews réunit des secteurs de la recherche qui traditionnellement avaient fait route séparée. C'est en partie pour cette raison que ses travaux ont un caractère polémique. En portant un regard neuf sur certains aspects du comportement et de la physiologie des espèces déjà abondamment étudiés, Crews lançait un défi aux experts en place.

Bien sûr, ce n'est pas parce que les travaux d'un chercheur remettent en cause ceux de ses collègues qu'ils seront pour autant controversés. D'innombrables découvertes ou méthodes scientifiques contestables ont purement et simplement été ignorées. Ainsi, quantité d'articles ont été publiés qui attaquaient les bases mêmes de la mécanique quantique et de la théorie de la relativité et n'ont pas provoqué plus de remous dans le monde de la physique qu'un galet à la surface d'un lac. Traiter par le mépris des idées potentiellement embarrassantes est le bon moyen de les faire passer pour des enfantillages. Car faire en sorte que ses idées fassent figure de notion controversée au point que les autres scientifiques se sentent obligés de les récuser explicitement est déjà en soi un résultat non négligeable.

A l'époque où Crews fit connaître ses travaux sur le lézard à queue en fouet, il avait déjà une trop grande notoriété pour être ignoré. Les premières étapes de sa carrière à Harvard n'avaient pourtant laissé en rien présager les polémiques à venir. Ses méthodes et ses découvertes ne représentaient pas une menace pour les bases établies de son secteur de recherche. Lorsque, après sept ans passés à Harvard, il rejoignit l'université du Texas, il était un homme de science hautement respecté, très en vue et membre du sérail. Ce n'est qu'alors, après s'être fait reconnaître, qu'il commença à mettre en avant tout ce que ses idées avaient de radical. De toutes les controverses dans lesquelles Crews a été impliqué, celle qui a été suivie avec le plus d'attention ne concernait pas les grands problèmes posés par la théorie de l'évolution mais ses prises de position bien plus spécifiques concernant la vie sexuelle des lézards à queue en fouet. Les résultats des observations qu'il fit de ce vertébré et l'accueil qui leur fut réservé forment l'axe central de notre récit.

Dans ce qui suit, nous nous attacherons particulièrement à suivre les péripéties de cette controverse. Il pourra paraître déplacé d'entrer dans de tels détails. Il nous faut pourtant rappeler au lecteur que c'est précisément dans l'analyse détaillée des arguments que se trouve le diamant brut de la science.

« Femelles lézards : des lesbiennes et des sauteuses »

C'est sous ce titre que le magazine *Time* publia l'article dans lequel Crews rapportait ses observations sur le *Cnemidophorus*, le lézard à queue en fouet. Le *Cnemidophorus* fait exception dans le monde reptilien car il se reproduit par « parthénogénèse ». Autrement dit, sa reproduction peut se faire à partir des œufs pondus par la femelle sans qu'un mâle ait à les féconder. Cette espèce représente donc un champ d'observation idéal pour étudier certains aspects de l'évolution de la sexualité qui ne peuvent être isolés et analysés chez les espèces à comportement sexuel normal où l'hérédité masculine vient toujours constituer un facteur de complication.

Dès que Crews entreprit ses travaux sur le *Cnemidophorus*, il remarqua ce qui, à première vue, était un comportement bizarre. Ces lézards sans vie sexuelle – puisqu'ils n'ont pas besoin de s'accoupler pour se reproduire – couvrent parfois leurs congénères tout comme le font d'autres lézards au comportement sexuel normal. C'est cette observation, que d'autres chercheurs n'avaient pas faite ou avaient choisi de ne pas faire, qui fut au cœur de la controverse.

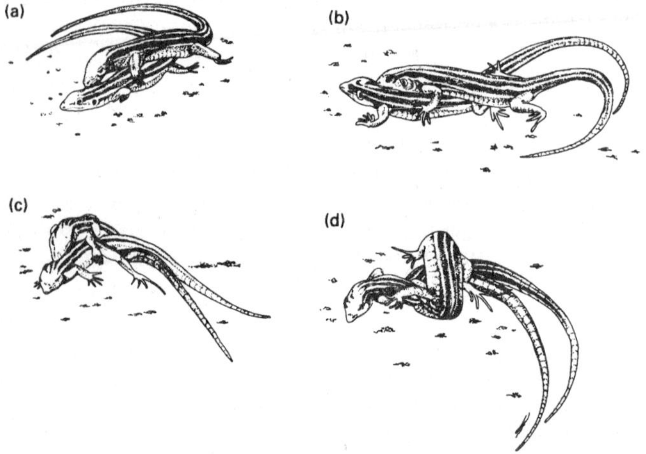

Figure 7. Comportement sexuel du *C. uniparens*
(redessiné par Stevens W. Allison d'après Myers, 1990)

Le comportement qui intéresse notre récit est illustré par la série de clichés reproduits à la figure 7. La séquence paraît relativement simple. Une femelle joue un rôle actif et monte sur le dos d'une femelle passive, recourbe sa queue autour du corps de sa partenaire de sorte que leurs organes sexuels entrent en contact, donne des secousses du cou et du dos et chevauche ainsi sa compagne pendant une à cinq minutes. Tous les biologistes admettent que c'est bien là ce qui se passe. C'est sur la signification à donner à ce comportement que leurs avis divergent.

Pour Crews et son compagnon de travail Fitzgerald, l'étrange comportement de la femelle lézard (observé à plusieurs reprises sur différents sujets) était d'évidence lié à la sexualité. En fait, ils pensèrent que ce qu'ils avaient vu revêtait une telle signification qu'ils l'ont présenté comme une nouvelle et importante découverte concernant les espèces parthénogénétiques. Les manœuvres d'approche habituelles, l'attitude au cours de la copulation semblaient remarquablement similaires à celles que Crews avait observées au moment de l'accouplement chez d'autres espèces proches à comportement sexuel ordinaire. La dissection et la palpation (l'examen par toucher) des lézards mettaient en outre en évidence leur signification sexuelle. On constatait que l'animal courtisé était actif sur le plan de la reproduction, « ses ovaires contenaient de grosses follicules préovulaires, alors que l'animal courtisan, ou bien était en période d'inactivité reproductrice, ou bien venait de terminer son ovulation, et ses ovaires ne contenaient que de petites follicules peu développées ». Cette différence soulevait des questions d'ordre général quant au rôle joué sur le plan de la sexualité par cette pseudo-copulation, comme, par exemple, une fonction possible d'amorçage des mécanismes reproductifs.

Si Crews était persuadé d'avoir fait une découverte essentielle, les autres biologistes n'en étaient pas si sûrs. Certains étaient même franchement sceptiques. Deux des chercheurs les plus connus dans le domaine des lézards, Orlando Cuellar de l'université de l'Utah, qui, au début des années 1970, avait mis en évidence les mécanismes chromosomiques de la parthénogénèse, et C. J. Cole du Musée national d'histoire naturelle, qui, lui, avait fait œuvre de pionnier dans l'étude physiologique des lézards, ne tardèrent pas à contester les conclusions de Crews. Pour ces chercheurs qui avaient passé des années à étudier le *Cnemidophorus* et en particulier à apprendre à le maintenir en captivité, Crews était un nouveau venu inexpérimenté. Au lieu d'étudier minutieusement les lézards pendant une période suffisamment longue, il s'était immédiatement emparé d'un comportement particulier, observé chez très peu d'animaux, et l'avait fait mousser en une découverte sensationnelle. Cuellar et Cole ont probablement été particulièrement contrariés de voir le *Time* reprendre cette histoire ; les exploits sexuels des lézards étaient un sujet très médiatique.

La première réaction de Cuellar et de Cole fut de minimiser l'importance de ce comportement sexuel aberrant. Ils affirmèrent qu'il n'avait là rien de particulièrement nouveau ou surprenant, puisque d'autres (et eux notamment) en avaient observé de semblables auparavant. Crews faisait donc tout simplement fausse route en conférant une portée générale au comportement pathologique d'une espèce particulière. Le comportement qu'il avait observé était banal : c'était un phénomène anormal, provoqué par la captivité. La question clé était donc de déterminer si le comportement du lézard était artificiel et résultait, comme l'affirmaient les critiques, des conditions de surpeuplement de la captivité ou était partie intégrante et jusque-là négligée du comportement reproductif.

Une des propriétés des controverses scientifiques est de mettre la compétence des protagonistes sur la sellette. En temps normal, les capacités des chercheurs sont tenues pour acquises. Dans une controverse, en revanche, il est difficile de dissocier les questions particulières qui sont en jeu de l'aptitude des hommes de science impliqués. Dans le débat qui va suivre entre Crews et ses critiques, la nécessité pour chacun de faire la preuve de sa compétence passera avant tout.

Une bonne partie de cette controverse s'est déroulée par publications scientifiques interposées et, dans ces articles, l'ampleur prise par l'exposé des « méthodes » reflète bien ce besoin croissant de justifier de ses compétences. Dans le premier article de Crews et Fitzgerald, cet exposé des méthodes se résumait au commentaire en petits caractères qui accompagnait les illustrations. Mais lorsque, cinq ans plus tard, il devint nécessaire de repousser les attaques des critiques, on trouva une accumulation considérable de détails relatifs aux soins donnés aux lézards, aux méthodes d'observation, etc. Au fur et à mesure que se développait la controverse, l'habileté et le savoir-faire nécessaires pour effectuer ce genre d'observations devenaient eux aussi objets de discussion. Ainsi, dans un de ses articles critiques, Orlando Cuellar invoque l'expérience qu'il a lui-même accumulée pendant des années (plus d'une décennie) en observant le *Cnemidophorus* pondre ses œufs et sa « connaissance précise » du cycle de reproduction. Il déclare que, bien qu'il ait lui aussi, sur une période de quinze ans, observé de temps à autre un comportement semblable à celui dont parle Crews, il n'est en rien significatif.

De même, dans une réfutation des thèses de Crews et de Fitzgerald, Cole et Townsend insistent sur leurs propres compétences d'observateurs, mettent l'accent sur le détail et la durée de leurs observations (par opposition aux travaux de Crews et Fitzgerald), la finesse de leur système de classement des comportements. Ils parlent même de l'endroit où ils avaient installé les lézards (dans leurs bureaux) et affirment qu'ils s'en occupaient personnellement. Répétons-le, d'ordinaire, les détails de ce genre ne sont pas mentionnés dans les comptes rendus d'observations.

Cette invocation des compétences de chacun et l'exposé des détails du travail quotidien en laboratoire ont cependant un effet inattendu. Ils aboutissent à rapprocher la science des autres activités, celles qui se déroulent dans le monde prosaïque des bureaux et reposent sur un certain savoir-faire.

Ce n'est pas par accident si les articles scientifiques minimisent d'ordinaire ces éléments. Quand on les ignore, la science fait davantage figure d'activité unique et les chercheurs ne sont plus de simples médiateurs ou de simples observateurs passifs de la nature. Du fait que la nécessité de justifier de son savoir-faire et de sa compétence prend de l'importance au cours des controverses, nous commençons à entrevoir ce qui entre dans le processus de construction de la science ; ce processus, d'ordinaire caché, apparaît au grand jour.

Constatation ironique, lorsque Crews et ses collègues répondirent à Cuellar, ils mirent à son passif la minutie et l'expérience qu'il revendiquait. Le fait qu'il admettait avoir lui-même observé la pseudo-copulation confirmait, estimèrent-ils, leurs propres observations. Ils considérèrent alors que son inaptitude à comprendre sa signification venait de ses idées préconçues. Cela participait d'une stratégie d'ensemble que Crews avait déployée contre ses détracteurs et qui consistait à les dépeindre comme des retardataires, figés dans leurs conceptions, englués dans des traditions poussiéreuses et incapables de voir ce qu'il y avait à voir. Cette stratégie de « jeune Turc » est couramment adoptée dans les controverses scientifiques.

Défendre ses compétences consiste en partie à faire état du soin que l'on met à effectuer les observations. Dans le cas présent, les critiques affirmaient que Crews et Fitzgerald n'avaient tout simplement pas été assez méticuleux dans les leurs. Comme la plupart des arguments évoqués au cours des controverses, celui-ci était cependant à double tranchant. Crews et son équipe le retournèrent en effet contre Cole et Townsend ; ils relevèrent un manque de rigueur apparent dans les méthodes suivies et firent remarquer que Cole et Townsend évaluaient l'état où se trouvaient les lézards sur le plan de la reproduction en se fondant sur le diagnostic visuel d'une distension abdominale. Cela était insuffisant, affirmaient-ils, car on sait très bien qu'une palpation est en outre nécessaire. Par une manœuvre ingénieuse, ils invoquèrent l'avis de l'autre critique de Crews – Cuellar – en confirmation de cette nécessité.

Les accusations de négligence ne permettent pas de vider les querelles, car les protagonistes finissent par se les renvoyer. Chacun sait que l'homme de science rigoureux saura trouver la « vérité », tandis que l'observateur négligent n'y réussira pas. Mais ce qu'il convient de déterminer, c'est sur quoi porte précisément la controverse. Si l'on estime que la pseudo-copulation est un phénomène à part entière, il apparaît alors que Crews a fait preuve de la rigueur nécessaire, tandis que ses critiques se sont montrés négligents ; si, au contraire, elle est considérée comme un effet de la captivité, ce sont alors ses critiques qui ont fait ce qu'il fallait et Crews qui a manqué de rigueur. Comme la plupart des éléments de la controverse, la rigueur ne permet pas, à elle seule, de trancher la question.

Nous voilà revenus de plus belle à la régression de l'expérimentateur.

Si les attributions générales de savoir-faire et de compétence ne réussissent pas à clore les controverses, qu'en est-il des faits eux-mêmes ? Comme nous l'avons affirmé plus haut, ceux-ci sont inséparables des compétences nécessaires au chercheur pour les mettre en évidence. Lorsque les critiques ont tenté de réfuter le point de vue de Crews en invoquant un fait précis, il n'est donc pas surprenant de s'apercevoir là encore que les questions de compétence n'ont jamais tardé à refaire surface. L'affirmation avancée par Cuellar d'une part, Cole et Townsend de l'autre, selon laquelle la pseudo-copulation des lézards résultait des conditions de surpeuplement de la vie en captivité était au centre de la controverse. Crews y répondait de la façon suivante. Comme nous l'avons dit plus haut, dans ses derniers articles, il exposait ses méthodes avec un luxe de détails. Les conditions exactes dans lesquelles il tenait ses lézards en captivité étaient donc clairement décrites. Ceci fait, il était à même de renvoyer la balle à ses critiques en déclarant qu'eux-mêmes ne disposaient d'aucune donnée précise prouvant que les conditions de surpeuplement conduisaient à cette « copulation » contre nature. « Ils ne donnent ni les dimensions de la cage utilisée, disait-il, ni le nombre d'animaux placés dans chaque cage. » (Cité dans Myers, 1990, p. 125.) Grâce à cette manœuvre, c'est Crews qui donnait l'impression de s'être appliqué avec le plus de rigueur là même où ses critiques avaient choisi de l'attaquer ; ceux-ci semblaient, de leur côté, avoir fait preuve de légèreté dans leurs accusations.

Cette querelle dans le domaine de la biologie apparaît différente de celles, décrites dans ce livre, portant sur des questions de physique en ce que très peu de données nouvelles sont produites au cours de la controverse. Dans la recherche de la bonne interprétation des observations précédentes, les bases du débat semblent fluctuer sans cesse. En physique, les expériences permettent de canaliser le débat. Dans le domaine de la biologie qui nous occupe ici, la réalisation des expériences est problématique. L'attention s'attache donc constamment à la faiblesse des preuves qui affaiblit la position de son adversaire – en réponse à Cole et à Townsend, Crews réclamait, par exemple, la preuve que les conditions de surpeuplement provoquaient la pseudo-copulation.

La preuve négative la plus saillante dans tout ce débat était tout simplement qu'aucun – pas même Crews ou Fitzgerald – n'avait assisté à une pseudo-copulation en pleine nature. Cole et Townsend y attachèrent une grande importance et firent remarquer que l'étude la plus complète du *Cnemidophorus* dans des conditions naturelles n'en faisait pas état. Comme on pouvait s'y attendre, Crews et son équipe surent se montrer à la hauteur des circonstances. Une fois de plus, ils retournèrent l'argument contre les critiques. Ce comportement pouvait fort bien exister, fit-il valoir, mais pouvait-on réussir à l'observer en pleine nature ? Il est bien connu que le *Cnemidophorus* est un animal particulièrement timide et que, même chez les lézards à comportement sexuel ordinaire, il est rare de pouvoir assister à un accouplement. Y avait-il donc de meilleur endroit pour observer un phénomène aussi délicat qu'en captivité ? !

Morsures amoureuses et appels de patte

Il est fréquent qu'au cours d'une controverse scientifique, la minutie apportée aux observations, jusque-là négligée, devienne hautement significative et soit chaudement discutée. Plus les deux parties sèment de doutes sur les arguments de leurs adversaires, plus nombreux sont les faits à entrer en ligne de compte. Dans le cas présent, le nombre de « morsures amoureuses » que se faisaient les lézards et le fait qu'ils aient ou non agité leurs pattes en signe de soumission prenaient tous deux de l'importance.

Cuellar affirmait que dans les espèces qu'il avait recueillies dans la nature, il avait rarement observé des morsures dues à l'accouplement et qu'on aurait pu s'attendre à ce qu'elles soient plus fréquentes si la pseudo-copulation avait été un phénomène aussi courant que le prétendait Crews. La réponse de Crews et de son équipe consista une fois encore à renverser l'argument en faisant valoir que si Cuellar avait eu raison les lézards normalement sexués, eux non plus, n'auraient pas copulé ! La raison de la difficulté à observer ces morsures dans la nature étaient qu'elles ne constituaient pas une « marque » naturelle de l'accouplement. Afin de mettre à l'épreuve et d'étayer leur hypothèse, ils examinèrent les cadavres de 1 000 femelles lézards d'espèces sexuées et constatèrent que 3 % seulement présentaient des marques de morsure sur le dos et sur les flancs, et, en outre, qu'un même pourcentage de mâles possédaient de telles marques. De cette manière, Crews faisait en sorte de retourner contre lui l'argument de Cuellar. On relève effectivement des marques de morsure sur les lézards morts, mais comme on en trouve autant chez les mâles que chez les femelles, elles sont probablement le résultat d'un comportement agressif.

L'agitation des pattes fut mise au centre du débat dans la postface ajoutée par Cole et Townsend à leur réfutation des thèses de Crews. Ils reprochaient à celui-ci d'avoir assimilé « par erreur » le fait que les lézards lèvent la patte à un signe de soumission face à leur partenaire sexuel. Selon eux, cela voulait tout simplement dire que le lézard était en train de se chauffer au soleil. C'était une fois de plus la compétence des chercheurs qui était mise en cause. Est-il possible de se fier à celui qui est incapable de distinguer entre un bain de soleil et les préliminaires de l'accouplement ? Bien que Crews n'ait pas, semble-t-il, répondu publiquement à cette critique particulière, le lecteur pourra aisément extrapoler à partir de ce qui a précédé quelle aurait pu être sa ligne de défense.

Un match nul honorable

Où en est aujourd'hui cette controverse ? De l'avis général, Crews et ses critiques ont abouti à un match nul honorable. Les deux parties ont donné leurs versions respectives de l'endocrinologie du *Cnemidophorus* dans des articles séparés parus dans *Scientific American*, et les deux poursuivent leurs travaux en suivant des voies passablement différentes.

Le point de vue impartial que nous avons adopté en suivant les péripéties de cette querelle risque de ne pas être partagé par les protagonistes. A leurs yeux, bien entendu, leurs arguments et leurs prises de position s'imposent et sont inattaquables. En adoptant un parti neutre, nous risquons donc de décevoir les deux camps.

De nombreux scientifiques répugnent à se laisser embarquer dans des controverses et voient en celles-ci le champ d'exercice de la science de pacotille. Nier que l'on participe à une controverse peut donc être en soi une tactique adoptée dans ce genre de querelles. Tel a été le cas dans celle qui s'est élevée à propos des lézards. Dans les articles qu'ils publièrent dans *Scientific American*, les deux camps évitèrent toute référence explicite à la controverse en cours.

L'une des façons de mettre un terme à une controverse consiste à en réécrire l'histoire de manière à ce qu'elle apparaisse prématurée – une réaction trop vive dans un domaine insuffisamment étudié. Crews, en particulier, dans son dernier écrit sur la question, a présenté de cette manière son premier article et la réaction qu'il avait suscitée. C'était selon lui une polémique regrettable caractérisée par une insuffisance de vérification expérimentale véritable et de preuve décisive. En invoquant la rhétorique de l'expérience et de l'épreuve des faits, ce à quoi sa méthodologie de travail avec les lézards en captivité se prêtait admirablement, Crews pouvait donner l'impression d'avoir dépassé le terrain de la controverse d'origine. Il reste à voir si ce discours a débouché sur quelque chose.

Nous avons laissé une question sans réponse : la pseudocopulation du lézard *Cnemidophorus* a-t-elle en fait un rapport avec sa reproduction ? Malgré cinq années de recherche et de discussion, il apparaît que nous n'en savons rien. A en croire une de ces deux équipes de chercheurs respectables, elle en a un ; selon l'autre, elle n'en a pas. Comme toujours, c'est la dispute entre les hommes qui vient établir les faits naturels.

7. Cap sur le centre du Soleil : l'étrange histoire des neutrinos solaires manquants

Les innombrables étoiles qui brillent dans notre ciel nocturne ont quelque chose en commun : toutes convertissent la matière en énergie par le processus de fusion nucléaire, celui-là même qui a lieu dans les bombes à hydrogène. En consommant leur propre masse d'hydrogène, les étoiles se transforment lentement. Le processus de changement ou d'évolution est généralement progressif, mais passe aussi par des phases spectaculaires : ainsi, certaines étoiles connaissent une fin cataclysmique et meurent dans une gigantesque explosion – les supernovæ. La théorie de l'évolution stellaire, l'une des plus fondamentales de l'astrophysique, raconte l'histoire des étoiles, y compris celle de notre Soleil. Elle décrit fort bien les différentes mutations subies par la plupart d'entre elles. La théorie de l'évolution stellaire est aussi incontestable pour les astronomes et les astrophysiciens que l'est la théorie darwinienne de l'évolution aux yeux des biologistes.

Cependant, en dépit du succès incontestable qu'a connu la théorie, la vérification de son hypothèse essentielle – la fusion nucléaire est la source de l'énergie stellaire – n'a pu être tentée directement que depuis peu.

En 1967, Ray Davis, du Brookhaven National Laboratory tenta de détecter les neutrinos solaires – particules subatomiques produites par fusion nucléaire dans notre propre Soleil. Il s'agissait de la première tentative de vérification expérimentale directe de la théorie de l'évolution stellaire. Tout autre rayonnement venant du Soleil résulte d'un processus qui s'est déroulé il y a des millions d'années. Il faut ainsi des millions d'années pour que les rayons lumineux s'échappent du centre du Soleil en se frayant un chemin vers sa surface par un processus de diffusion thermique. Du fait qu'ils interagissent très faiblement avec la matière, les neutrinos s'évadent instantanément du Soleil. Réussir à les détecter sur Terre nous apprendrait ce qui s'est passé dans le cœur de celui-ci à peine huit minutes plus tôt (le temps qu'il faut aux neutrinos pour franchir la distance du Soleil à la Terre). Les neutrinos permettent donc de vérifier directement si la fusion est bien la source d'énergie de l'étoile la plus proche de nous – notre Soleil.

Mais c'est précisément parce que les neutrinos interagissent si faiblement avec la matière qu'il est extrêmement difficile de les détecter. En moyenne, un neutrino est capable de franchir une épaisseur de plomb de quasiment un million de millions de kilomètres avant d'être arrêté dans sa course. De toute façon, les détecter ne sera pas une mince affaire ! L'expérience imaginée par Davis est peu ordinaire. Son dispositif consiste en un réservoir souterrain de la taille d'une piscine olympique rempli d'un liquide détachant riche en chlore et enfoui profondément dans un puits de mine désaffecté. Chaque mois, Davis drague son réservoir pour y chercher un isotope d'argon radioactif produit par la réaction des neutrinos venus de l'extérieur avec le chlore. Malheureusement, les rayons cosmiques en provenance de l'espace déclenchent eux aussi cette réaction, et c'est la raison pour laquelle l'expérience doit être effectuée assez profondément pour être protégée grâce à l'absorption des rayons indésirables. Une fois extrait du réservoir, l'argon radioactif est placé dans un détecteur très sensible (une sorte de compteur Geiger), où l'exacte quantité produite peut être mesurée.

Cette expérience, certainement une des plus originales de la science moderne, a donné un résultat déroutant. Les flux de neutrinos attendus n'étaient pas au rendez-vous. L'expérience qui était censée représenter le triomphe de la théorie de l'évolution stellaire fut une déconvenue. Il est difficilement imaginable que la fusion nucléaire ne soit pas la source d'énergie qui alimente les étoiles : quelque chose n'avait donc probablement pas « collé », mais quoi ? On a vérifié et revérifié l'expérience, on a jonglé avec les théories, les modèles et les hypothèses ont été examinés de près au cas où une erreur s'y serait glissée. Jusqu'à présent, personne n'a pourtant pu déterminer avec certitude ce qui n'allait pas. Même aujourd'hui, avec la seconde génération d'expériences, nul ne peut dire ce qui sortira de tout cela.

Nous sommes donc en présence d'un cas typique de conflit entre la théorie et la pratique. Toutefois, le domaine théorique et celui de l'expérience ne sont pas aisément dissociables. Dans le cas des neutrinos solaires, théoriciens et expérimentateurs ont collaboré pendant de longues années pour tenter de parvenir à une conclusion.

Dans la première partie de notre récit, nous verrons comment les chercheurs ont mis en place cette coopération d'où sortira l'expérience. On ne pourra comprendre l'accueil réservé aux résultats de l'expérience de Davis, objet de la seconde partie de ce chapitre, qu'en connaissant cet arrière-plan.

De même que l'expérience sur les neutrinos solaires est censée nous donner un aperçu de ce qui se passe au cœur du Soleil, l'*histoire* de cette expérience nous permet d'entrevoir ce qu'il advient au cœur du monde scientifique lorsque les choses ne se passent pas comme prévu. Cas singulier, nous verrons comment la science *se défait.*

Bien que les modèles théoriques appliqués pour calculer l'importance du flux de neutrinos soient complexes (les calculs sont effectués par ordinateur) et que la sensibilité nécessaire du dispositif expérimental confonde l'imagination (on recherche une poignée d'atomes d'argon dans un réservoir qui en contient des milliards de milliards d'atomes), lorsque l'expérience fut conçue, ses procédures étaient considérées comme de simple routine. Ray Davis lui-même, un chimiste, disait de son expérience, peut-être par excès de modestie, qu'elle était un simple problème de « plomberie ». En fait, au début des années 1960, la communauté scientifique était si certaine que Davis confirmerait la théorie de l'évolution stellaire qu'on avait projeté d'installer toute une série de « télescopes » souterrains pour détecter les neutrinos provenant de diverses sources cosmiques. Ces projets ont été remis dans les cartons lorsque les premiers résultats obtenus par Davis furent publiés. Ce secteur de la science que l'on croyait bien posséder devenait problématique et source de litiges. Le solide devenait fragile, le certain incertain et les dossiers clos s'ouvraient de nouveau. Le tissu complexe de liens entre la théorie et l'expérience menaçait de se rompre. Que cette rupture ne se soit pas produite jusqu'ici, que les résultats expérimentaux aient résisté à l'épreuve du temps et que la charpente de la théorie de l'évolution stellaire ait tenu reste un mystère. Nous n'assistons pas à l'effondrement annonciateur d'une révolution scientifique et, cependant, les choses ne sont plus tout à fait « comme avant ».

I. Une collaboration exemplaire et la préparation de l'expérience

Les expériences, comme tout produit de l'activité humaine, ne sont jamais « du tout cuit ». Lorsque, au cours de l'été 1967, Ray Davis « brancha » son dispositif pour se mettre en quête des flux de neutrinos tant attendus, il avait derrière lui vingt années de travail difficile, en collaboration avec d'autres. Une coopération exceptionnellement féconde avec une équipe d'astrophysiciens nucléaires (les spécialistes de la physique nucléaire appliquée à l'astronomie) du Kellogg Radiation Laboratory du California Institute of Technology, dirigé par William Fowler, a revêtu une importance toute particulière.

Les neutrinos ont toujours exercé une fascination spéciale sur les expérimentateurs, parce qu'ils sont l'une des particules les plus insaisissables et donc les plus difficiles à détecter. Leur existence a tout d'abord été postulée par Wolfgang Pauli en 1930 en tant que celle d'entités purement théoriques nécessaires à la cohérence des théories de la désintégration radioactive ; on avait attribué au neutrino une masse et une charge électrique nulles. L'une des rares méthodes permettant de détecter cette particule insaisissable consistait à inverser en quelque sorte la réaction de radioactivité. Au cours d'une réaction de ce genre, un neutrino est absorbé par un noyau pour former un nouvel élément instable qui se désintègre à son tour. Séparer les quelques atomes de l'élément nouvellement formé des milliards de milliards d'atomes de la cible est une tâche décourageante. C'est elle que Davis, chimiste qui s'intéressait depuis longtemps à la détection des neutrinos, entreprit de mener à bien.

La technique qu'il utilisa venait de la radiochimie, domaine hybride situé à l'intersection de la radioactivité et de la chimie. L'idée était de faire appel à la chimie pour séparer l'élément radioactif nouveau (argon) du matériau de la cible. Davis obtenait ce résultat en utilisant une cible liquide et en la purgeant au moyen d'hélium afin d'éliminer les atomes d'argon qui s'y étaient accumulés. La quantité exacte d'argon pouvait alors être évaluée en mesurant ses désintégrations caractéristiques. Pour aider à les distinguer d'autres rayonnements parasites, Davis protégeait son compteur en le plaçant à l'intérieur d'un canon de fusil en acier à faible radioactivité naturelle datant de la Première Guerre mondiale.

Ce sont les physiciens Bruno Pontecorvo et Louis Alvarez qui, les premiers, ont proposé d'utiliser la réaction chlore-argon pour détecter les neutrinos. Alvarez s'était tout particulièrement intéressé à la question. Comme c'était le cas de tant de physiciens d'après-guerre, son idée venait des travaux qu'il avait effectués pendant les hostilités. Alvarez avait mis au point une nouvelle méthode qui devait permettre de déterminer si les Allemands étaient en train de fabriquer une bombe atomique. Il s'agissait d'un détecteur radiochimique mobile que l'on pouvait placer dans un bombardier et utiliser en survolant l'Allemagne pour déceler des émissions radioactives provenant de cheminées (aucune ne fut détectée).

Davis reprit les idées d'Alvarez et, en 1953, il avait fabriqué un petit détecteur qui utilisait quelque 2 000 litres de détachant. Il ne pouvait naturellement rien détecter sans source de neutrinos. On pensait que les centrales nucléaires étaient les sources les plus indiquées et il installa donc son détecteur dans celle de la rivière Savannah afin d'essayer de détecter les neutrinos provenant des réacteurs. Au même endroit et à la même époque, Frederick Reines et Clyde Cowan étaient en train d'effectuer leurs premières mesures, devenues historiques, qui permirent de détecter un neutrino libre pour la première fois. Malheureusement pour Davis, il s'avéra que son appareil n'était pas sensible aux neutrinos produits à l'intérieur des réacteurs nucléaires. Davis se trouvait maintenant face à un dilemme. Il avait mis au point un système de détection prometteur mais n'avait pas de neutrinos à détecter. C'est William Fowler qui trouva la solution.

La collaboration avec Cal Tech

Depuis Cal Tech, William Fowler suivait de près les travaux de Davis. C'est dans les années 1930 que l'astrophysique nucléaire prit son essor après qu'Eddington (le même que nous avons rencontré au chapitre 2) et Jeans eurent fait œuvre de pionniers en réussissant à montrer que les réactions nucléaires étaient la source la plus probable de l'énergie solaire. A la fin des années 1950, les réactions nucléaires ayant été mesurées à maintes reprises en laboratoire, les cycles détaillés de ces réactions à l'intérieur du Soleil avaient été déterminés. En 1957, une théorie d'ensemble de la nucléosynthèse (la fusion d'éléments légers en éléments plus lourds) à l'intérieur des étoiles était ébauchée par Fowler et ses collaborateurs de Cal Tech. C'était là un des accomplissements majeurs de la discipline : la théorie expliquait apparemment comment toutes les substances qui nous sont familières se forment à partir de l'hydrogène.

En 1958, on mesura de nouveau l'un des taux de réaction essentiels du cycle de réaction nucléaire à l'intérieur du Soleil et on s'aperçut que la première mesure était fausse. Le Soleil produisait, semble-t-il, des neutrinos à énergie passablement élevée que Davis devrait être en mesure de détecter. Fowler lui signala immédiatement cette possibilité et les deux hommes collaborèrent alors afin de réaliser le projet de détecteur. A l'époque, Fowler considérait que la détection des neutrinos solaires apporterait sa touche finale à la théorie de l'évolution stellaire.

Bahcall, un « théoricien maison »... loin de chez lui

Du côté de Cal Tech, la collaboration avec Davis s'incarna essentiellement en la personne de John Bahcall, jeune étudiant de Fowler déjà armé d'un doctorat. Si, pour Fowler, les neutrinos solaires étaient la cerise sur le gâteau, il s'avéra que pour Bahcall ils représentèrent le pain et le beurre : ils formèrent en effet le fil directeur de sa future carrière. Lorsque Davis fut prêt à effectuer ses mesures, ce fut la carrière de Bahcall autant que la sienne qui furent en jeu. Le dévouement que Bahcall a apporté à cette collaboration illustre bien le besoin qu'éprouvent les chercheurs de travailler en concertation pendant un certain temps dans la poursuite de leur carrière.

Bahcall était un spécialiste de la physique théorique, et outre la mise à disposition de ses compétences, son rôle consistait à coordonner les travaux de Cal Tech. L'évaluation du nombre de neutrinos que Davis pouvait s'attendre à mesurer était une tâche complexe qui faisait appel à des domaines de connaissance différents. Lorsque Bahcall n'avait pas lui-même les compétences nécessaires, il se montrait très capable (avec l'aide de Fowler) de recruter ceux qui pouvaient les lui apporter.

Cette évaluation détaillée faisait intervenir la physique nucléaire, l'astrophysique, la physique des neutrinos aussi bien que la radiochimie. La figure 8 représente graphiquement les

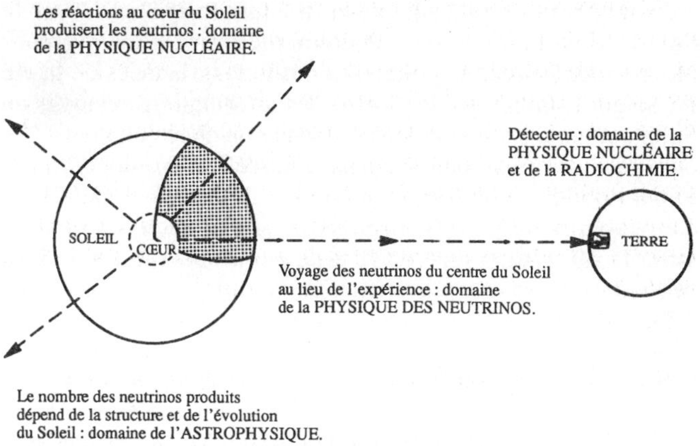

Figure 8. Les différents domaines de la science des neutrinos solaires

divers domaines que touche la physique des neutrinos solaires.

La physique nucléaire était nécessaire à la fois pour mesurer les taux de réaction nucléaire à l'intérieur du Soleil et calculer l'importance des interactions entre les neutrinos et le chlore contenu dans le détecteur. Tous les taux de réaction nucléaire significatifs étant mesurés en laboratoire à des niveaux énergétiques très supérieurs à ceux qui existent au cœur du Soleil, des extrapolations à des niveaux d'énergie inférieurs étaient nécessaires. Ces mesures et les estimations qui en résultaient étaient souvent douteuses et, dans l'histoire des recherches sur les neutrinos solaires, on a assisté à des révisions successives des taux de réaction au fur et à mesure que divers calculs et mesures étaient effectués. Le Kellogg Radiation Laboratory comptait quelques-uns des meilleurs physiciens nucléaires du moment. Bahcall ne tarda pas à obtenir leur aide pour reprendre les mesures d'un grand nombre de paramètres fondamentaux.

L'astrophysique jouait elle aussi un rôle décisif dans le calcul des flux de neutrinos. Elle était indispensable pour mettre au point un modèle détaillé de la structure et de l'évolution du Soleil. L'évolution solaire était simulée sur ordinateur pour une période couvrant quelque 4,5 milliards d'années de la vie du Soleil. Il fallait que la plupart des informations relatives au Soleil, comme par exemple la composition de ses éléments (les opacités), soient introduites dans le modèle et ces données faisaient l'objet de révisions continuelles. Le modèle solaire avait été mis au point par les spécialistes de Cal Tech. La composante la plus importante du flux de neutrinos que Davis était censé devoir mesurer provenait d'une ramification de la chaîne principale de réactions nucléaires de fusion de l'hydrogène à l'intérieur du Soleil. Ces neutrinos à haute énergie se révélèrent extraordinairement sensibles à la température et dépendants de manière décisive des détails du modèle solaire. L'apport de la physique des neutrinos était lui aussi nécessaire pour déterminer ce qu'il arrivait aux neutrinos au cours de leur passage à travers le Soleil et de leur long voyage vers la Terre.

Tout en travaillant à évaluer l'importance des flux de neutrinos, Bahcall aidait Davis à résoudre les problèmes théoriques que soulevait la mise au point de l'expérience – de quelle intensité serait, par exemple, le rayonnement cosmique parasite, quel serait le meilleur moment pour prélever des échantillons dans le réservoir, etc. Comme il le disait lui-même, il était devenu le « théoricien maison ». Il devint ensuite conseiller du Brookhaven National Laboratory où travaillait Davis et fut donc payé pour ses services par cette même « maison ».

Le financement de l'expérience

Davis évaluait le coût de l'expérience à quelque 600 000 dollars (3,5 millions de francs. environ). Dans les années 1960, c'était là une somme difficile à réunir pour un dispositif expérimental qui, contrairement aux accélérateurs de particules, ne pouvait servir qu'à une seule sorte de mesures. Fowler était extrêmement bien placé pour obtenir des fonds. Il prodiguait constamment ses conseils à Davis et Bahcall, et s'employait à gagner l'appui de ses collègues. Les institutions les plus à même de fournir des subventions furent sondées : Atomic Energy Commission, National Science Foundation et NASA.

Il est naïf de croire qu'il suffit aux chercheurs d'envoyer une demande de subvention convaincante pour obtenir de l'argent à volonté. S'ils veulent financer des installations importantes, ils doivent se lancer dans le lobbying politique et utiliser d'autres moyens de persuasion. Dans la collecte des fonds nécessaires à l'expérience de Davis, les démarches suivantes ont joué un rôle important : article publié dans *Physical Review Letters*, la meilleure revue de physique, dans lequel Davis et Bahcall faisaient état des premiers résultats obtenus et exposaient leur projet ; recours aux prétirages *Orange and Lemon Aid* publiés par le Kellogg Radiation Laboratory, très suivis et permettant à la communauté scientifique de se tenir au courant des dernières nouvelles spécialisées grâce à une bonne diffusion ; et couverture dans la presse populaire et scientifique – des articles sur les neutrinos solaires parurent dans *Time* et *Newsweek*. Une lettre adressée à l'Atomic Energy Commission par Fowler à la demande du patron de Davis, Richard Dodson, fut déterminante. Dans cette lettre, Fowler plaidait vigoureusement en faveur du financement de l'expérience. Dodson et Fowler étaient de vieux amis et des anciens de Cal Tech. Il apparut qu'à cette époque les décisions de l'Atomic Energy Commission dans ce domaine ne nécessitaient pas l'agrément formel d'un comité de spécialistes et la « belle lettre » de Fowler (les termes mêmes de Dodson) fournit l'aval technique qui emporta la décision de déblocage des fonds.

Il va de soi que tous les efforts qui avaient été faits pour obtenir le financement faisaient ressortir les mérites techniques de l'expérience projetée. Celle-ci fut partout annoncée comme le moyen décisif de vérifier directement la théorie de l'évolution stellaire. Deux aspects de l'argumentation déployée à l'époque méritent d'être soulignés. Tout d'abord, quoique indubitablement plus direct que les autres procédés de mesure du rayonnement solaire, celui choisi par Davis était censé permettre la détection de neutrinos produits par une ramification de la chaîne des réactions de l'hydrogène particulièrement sensible à la température. Une expérience plus directe encore aurait consisté à mesurer la réaction fondamentale de fusion de l'hydrogène elle-même. Les expériences de la seconde génération, dont on commence maintenant à publier les résultats, portent sur les neutrinos produits par cette réaction. Ceux qui se sont chargés d'obtenir les fonds nécessaires à ces expériences nouvelles ont eux aussi affirmé, notons-le, qu'elles étaient décisives. La formulation de cet argument dépend étroitement de son contexte. Mais lorsqu'on réclame de grosses sommes à des sponsors déjà sollicités de toutes parts, il est certes préférable de s'atteler à des entreprises « décisives ».

La seconde remarque est la suivante : bon nombre de chercheurs dont le soutien était nécessaire étaient des physiciens nucléaires et des spécialistes de la physique des particules. Ces physiciens, formés à une science expérimentale très rigoureuse, considéraient l'astrophysique avec scepticisme et estimaient qu'elle était rien moins que précise. Beaucoup étaient réticents à financer une expérience basée sur ses données. Le physicien nucléaire Maurice Goldhaber, directeur du Brookhaven National Laboratory, était de ceux-là. Il était essentiel d'obtenir son appui. Bahcall se rendit spécialement à Brookhaven pour ajouter sa voix à ceux qui avaient tenté de le persuader que les espérances étaient fondées et l'expérience réalisable.

Afin de convaincre des sceptiques comme Goldhaber, il était dans l'intérêt de Bahcall de lui soumettre une évaluation précise des résultats que Davis espérait obtenir – des signaux importants détectables sans ambiguïté. Il semble bien que l'estimation quantitative du flux de neutrinos solaires ait varié avec les besoins financiers des physiciens. La figure 9 montre quelles variations ont subi ces estimations (en SNU : unités de neutrinos solaires) au cours du temps. Elle montre qu'au moment où l'expérience a été financée, en 1963, l'estimation

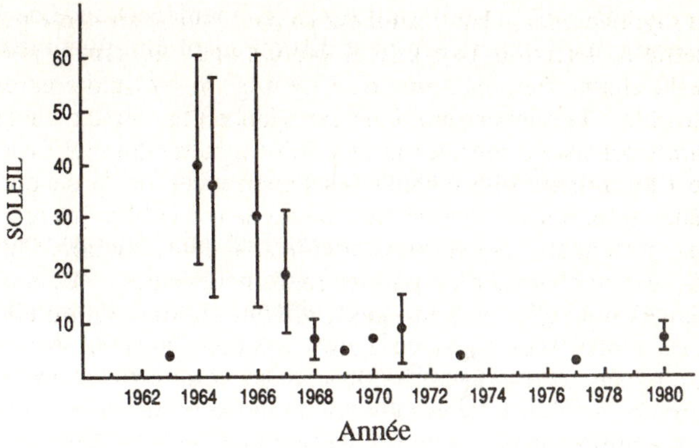

Figure 9. Flux de neutrinos solaires
(redessiné par Steven W. Allison d'après Pinch, 1986)

était élevée (40 SNU). On constate également qu'immédiatement après l'estimation commença à diminuer et qu'en 1967, moment où Davis obtenait ses premiers résultats, elle était tombée à un chiffre beaucoup plus bas (19 SNU). Grâce à des améliorations apportées au processus de détection, Davis réussit à obtenir une sensibilité supérieure, mais plusieurs chercheurs estimèrent que l'expérience n'aurait jamais pu être financée en 1964 si les estimations avaient été alors aussi basses qu'elles l'étaient devenues en 1967.

Ces variations dans les estimations provenaient en grande partie de paramètres dont la détermination était hors de la portée de Bahcall comme, par exemple, les nouvelles mesures des taux de réaction nucléaire et les changements d'opacité. Pourtant, le moment que l'on avait choisi pour se mettre en quête d'un financement et le fait qu'on ait réalisé seulement après son déblocage que l'extrapolation à partir des hautes énergies de l'un des taux de réaction nucléaire les plus importants avait été erronée, tout cela concourait à ce qu'en 1964 l'évaluation de ces taux soit optimiste à l'excès. L'interdépendance de la théorie et de l'expérience peut difficilement être plus manifeste.

La préparation de l'expérience

Si les activités auxquelles se livrait Bahcall étaient peu ordinaires pour un astrophysicien, on peut en dire autant des tâches que devait assumer Davis. Ayant obtenu les fonds nécessaires, il lui fallait trouver un puits de mine assez profond pour que son expérience y puisse être effectuée. Il s'avéra que cette recherche fut loin d'être aisée, non seulement en raison des contraintes physiques telles que la profondeur du puits et la stabilité de la roche, mais aussi du fait que la plupart des propriétaires des mines ne voyaient guère quel avantage ils pouvaient retirer à y abriter une expérience envahissante et peut-être dangereuse. Davis passa la plus grande partie des années 1963 et 1964 à négocier avec eux. Finalement, la Homestake Mining Company accepta de se lancer dans l'aventure lorsqu'elle apprit que le projet était financé par l'Atomic Energy Commission. Ce n'est pas une coïncidence si la Commission était utilisatrice d'un autre minerai extrait par la Homestake – celui d'uranium.

La préparation de l'expérience obligea Davis à traiter constamment avec la compagnie minière et les autres entreprises commerciales qui participèrent à la construction du réservoir et des équipements annexes, ou livrèrent le détachant. (Le détachant était en fait loué et devait être ultérieurement restitué au bailleur pour le rendre à sa destination d'origine !) Les mineurs locaux s'enthousiasmèrent finalement pour l'expérience et plusieurs numéros du journal de la Homestake lui furent consacrés.

C'est avoir une vision très réductrice de la science que de considérer les théoriciens uniquement comme des découvreurs d'idées nouvelles et les expérimentateurs comme ceux qui mettent à l'épreuve ou vérifient ces idées. Comme nous l'avons vu, faire de la théorie ou effectuer des expériences est bien plus exaltant encore. Les deux activités ne sont pas indépendantes. Elles sont interconnectées de mille manières et s'intègrent à un réseau plus large de liens entre chercheurs. Si les théoriciens et les expérimentateurs n'avaient pas coopéré et si, en particulier, la puissante équipe de chercheurs de Cal Tech dirigée par William Fowler n'avait pas prêté son appui, l'expérience sur les neutrinos solaires n'aurait jamais eu lieu.

II. La science en train de se défaire

Nous allons maintenant examiner ce qui s'est passé lorsque, contre toute attente, Davis fit état de ses résultats négatifs. Contrairement à certaines des autres expériences décrites dans cet ouvrage, sources de conflit entre la théorie et l'expérience, celle de Davis n'a rien perdu de sa crédibilité. Pendant quelques temps, de sérieux doutes ont plané sur le bien-fondé de sa méthode expérimentale – peut-être perdait-il quelques atomes d'argon dans son vaste réservoir rempli de détachant. Davis réussit cependant à surmonter ces critiques et, en fait, il en sortit finalement grandi avec une solide réputation d'expérimentateur rigoureux. Les théoriciens aussi, et Bahcall en particulier, ont généralement fait en sorte de s'accommoder de ces résultats, bien que, comme nous le verrons, ce dernier ait pendant un temps refusé de voir une quelconque contradiction entre la théorie et l'expérience.

Le fait saillant de la période qui a suivi la prise de conscience générale de l'existence effective du problème des neutrinos solaires a consisté en un processus de remise en question et d'examen ; quasiment toutes les hypothèses sur lesquelles reposait la base scientifique du projet ont été mises en cause. C'est en démontant ce processus que nous pouvons entrevoir comment la science *se défait*.

Les premiers résultats

Davis obtint ses premiers résultats en août 1967. Ils montraient que le signal, autrement dit le flux de neutrinos, était très faible. Le signal était en réalité si faible qu'on ne pouvait le considérer comme une quantité (de neutrinos détectés) faussée par une éventuelle erreur, mais uniquement comme la limite supérieure de cette quantité : 6 SNU. En d'autres termes, le signal ne dépassait pas 6 SNU et il pouvait provenir des seuls rayonnements parasites. Des améliorations apportées à la technique de détection permirent seulement à Davis de réviser encore à la baisse le flux maximum de neutrinos au début de 1968 : 3 SNU... Davis, qui avait utilisé cette technique de détection durant la majeure partie de sa carrière, ne doutait pas que ce résultat fût correct. Eu égard à son importance, il invita cependant deux de ses collègues chimistes de Brookhaven à le vérifier. Il ne purent rien relever d'anormal. A titre de précaution supplémentaire, Davis étalonna son dispositif expérimental en irradiant le réservoir avec une source de neutrons qui elle aussi produisait l'isotope d'argon qu'il avait détecté. Il releva le nombre d'atomes d'argon espéré, ce qui une fois encore semblait indiquer que tout avait bien fonctionné. Cependant, comme nous le verrons plus loin, cette vérification ne fut pas jugée convaincante par tout le monde. A ce moment-là (mai 1968), Davis se sentait assez sûr de son fait pour publier ses résultats. Dans ses comptes rendus préliminaires, il soulignait que ceux-ci étaient cinq fois moins importants que le signal prévu de 19 SNU.

La réaction de Bahcall

Sa conviction que les résultats étaient en contradiction avec la théorie n'était pas partagée par Bahcall. Dès que celui-ci prit connaissance des faibles résultats obtenus par Davis (ils étaient naturellement en contact permanent), il entreprit d'« affiner » encore davantage les estimations théoriques. Ce travail impliquait notamment de nouvelles mesures de la demi-vie des neutrons et de la composition du Soleil en éléments lourds et eut pour effet de réduire l'estimation à 7,5 SNU (avec une barre d'erreur de 3 SNU). Cela permit à Bahcall de déclarer en mai 1968 que « les résultats actuels obtenus par Davis [...] ne sont pas en contradiction manifeste avec la théorie de la structure stellaire ».

Bahcall voulait alors à toute force que l'expérience de Davis soit en accord avec ses estimations. Le découragement de Bahcall augmentait avec la médiocrité des résultats rapportés par ce dernier. La plupart des autres théoriciens partageaient ses préoccupations et espéraient malgré tout une résolution des contradictions. Beaucoup s'étaient investis dans cette expérience. On parlait même de prix Nobel, mais il fallait que l'expérience de Davis « se passe bien ».

La réaction d'Iben

Ce n'est pas Bahcall mais Icko Iben, un de ses anciens collègues de Cal Tech, qui admit le premier et avec le plus de force qu'il y avait contradiction entre la théorie et les résultats de l'expérience. Iben était un spécialiste des modèles solaires ; il avait fait partie de l'équipe de Cal Tech qui avait effectué les estimations en 1963. Iben était maintenant assez prévenu contre ce que faisait Bahcall. A ses yeux, celui-ci faisait preuve de malhonnêteté intellectuelle en abandonnant les anciennes estimations optimistes des paramètres pour des valeurs passablement arbitraires afin d'essayer de minimiser les flux. Dans l'esprit d'Iben, il existait incontestablement une contradiction et il fit appel à ses propres modèles solaires pour en montrer toute l'étendue. Une querelle qui menaçait de s'envenimer fut cependant évitée lorsque, peu après (1969), Bahcall convint à son tour qu'il y avait certainement incompatibilité. Le problème posé par les neutrinos solaires était maintenant unanimement reconnu.

Le désaccord entre Bahcall et Iben nous montre une fois de plus à quel point les estimations théoriques peuvent varier en raison du nombre important de paramètres en jeu. L'épisode prouve également que le jugement porté sur le résultat des vérifications d'une théorie n'est en rien prédéterminé. Pour émettre ce jugement, il ne suffit pas simplement de passer au crible les prévisions théoriques et les résultats expérimentaux, comme le pensent certains philosophes. Une certaine dose d'interprétation entre toujours en ligne de compte. Bahcall et Iben étaient tous deux des théoriciens de haute volée et connaissaient à fond toutes les questions théoriques impliquées ; cela ne les a pas empêchés d'aboutir à des conclusions tout à fait différentes en 1967.

Après avoir changé d'avis, Bahcall se rangea parmi ceux qui défendaient avec le plus d'acharnement la thèse de la contradiction – tant est si bien qu'il en arriva même à croiser le fer avec des chercheurs qui n'attribuaient pas autant d'importance au problème des neutrinos solaires. Bien qu'il soit risqué de prêter des stratégies aux chercheurs en tant qu'individus et qu'il faille se garder de voir en eux, de manière simpliste, de froids calculateurs soucieux de préserver au mieux l'intérêt de leur carrière, nous pouvons cependant nous demander à quel mobile obéissait Bahcall lorsqu'il modifia sa position aussi brusquement.

Sa première attitude de rejet face à l'idée d'un conflit entre la théorie et les faits s'explique probablement par son investissement personnel dans le programme expérimental. En 1967, Bahcall pensait, à tort ou à raison, que l'avenir de sa carrière dépendait du fait que Davis aboutisse aux résultats attendus. Cependant, plus il s'accrochait à l'idée qu'il n'y avait pas contradiction, alors que d'autres théoriciens, comme Iben, moins impliqués dans le projet, parvenaient à la conclusion inverse, plus sa position devenait difficile à tenir. Une conversation que Bahcall se souvient avoir eue avec Richard Feynman, le célèbre physicien de Cal Tech, donne une idée du genre de pression auquel il était alors soumis. Feynman déclara, semble-t-il, au jeune Bahcall qu'il n'avait rien à se reprocher et que s'il y avait contradiction, cela rendait les résultats d'autant *plus* importants. Bahcall semble avoir pris cet avis au sérieux. Il apparaît en outre que cela a été un avis judicieux. Bahcall a continué de fonder sa carrière sur l'étude des neutrinos solaires en insistant sur l'importance scientifique du problème, et elle n'a apparemment pas souffert de ces déconvenues : il a obtenu diverses récompenses pour ses travaux et occupe actuellement la chaire très prestigieuse de professeur d'astronomie et d'astrophysique au Princeton Institute for Advanced Study.

Ray Davis : l'expérimentateur idéal

Maintenant que la contradiction était publiquement reconnue de tous les théoriciens, on se retournait vers Davis afin de s'assurer qu'il n'y avait pas eu d'erreur commise de son côté. Comme nous l'avons vu ailleurs dans ce livre, dans la plupart des controverses de ce genre, les autres chercheurs s'emploient à reprendre l'expérience d'origine ; dans le cas présent, celle-ci était trop difficile et trop coûteuse. La responsabilité de Davis n'en était que plus grande. Bien qu'il fût convaincu que la vérification de ses procédures serait un gaspillage de temps et n'apporterait aucune information nouvelle, il comprit la nécessité de convaincre la communauté particulièrement sceptique des astrophysiciens.

Ce faisant, Davis s'était fixé pour règle de respecter et d'appliquer leurs suggestions, aussi incongrues qu'elles aient pu paraître. La tactique semble avoir porté ses fruits, car au fil des ans Davis s'est acquis la réputation d'une sorte d'expérimentateur idéal. En 1978, au cours d'un colloque, il fut en effet consacré « héros de la science » et il est considéré maintenant comme un des meilleurs expérimentateurs de la science moderne. Le profil de l'expérimentateur idéal que Davis a cherché à se donner est celui de quelqu'un d'ouvert, de prudent et de modeste. S'acquérir une telle réputation aide sans aucun doute un homme de science à conserver tout son crédit. Le fait que Davis eût déjà travaillé en collaboration avec les théoriciens permet maintenant dans une certaine mesure d'expliquer pourquoi ses résultats ont été accueillis avec autant de sérieux. Après avoir placé en lui de si grands espoirs et avoir collaboré avec lui pendant de longues années, les théoriciens pouvaient difficilement le lâcher.

Une des vérifications que Davis accepta d'effectuer consista à introduire directement 500 atomes d'argon dans le réservoir. Il les retrouva avec l'efficacité escomptée. Il convainquit également des chimistes de Brookhaven de rechercher une forme inhabituelle d'argon qui aurait pu rester prisonnière du réservoir. Ils n'en découvrirent aucune. Cependant, pour reprendre un de nos thèmes favoris, aucune expérience n'est à elle seule décisive et un critique résolu peut toujours trouver matière à contestation. C'est ce que fit Kenneth Jacobs, astrophysicien sceptique, en 1976.

Le piège à argon

Le fait que l'expérience de Davis n'ait jamais été reproduite tracassait Jacobs et il traça une analogie avec d'autres expériences, comme celle que Weber avait effectuée avec son détecteur d'ondes gravitationnelles, dans laquelle un bruit semblable au signal attendu avait permis d'attaquer les bases des théories en place et qui, à terme, avait été dépréciée. Jacobs soutenait qu'il était très probable que des ions d'argon soient restés piégés quelque part, ce qui expliquait les maigres résultats. Il était possible, selon lui, que ce phénomène soit dû à une forme atténuée de « polymérisation » que subissaient, comme on le savait, des hydrocarbures similaires au liquide détachant de Davis. Il restait convaincu que cette possibilité avait été négligée au cours de toutes les vérifications précédentes.

Jacob pouvait toujours émettre des doutes quant à la logique des expériences d'étalonnage que Davis avait été forcé d'entreprendre. Ces vérifications comportaient toujours quelques différences de procédure par rapport à l'expérience proprement dite. Elles étaient, par exemple, effectuées à partir d'atomes d'argon déjà existants et non pas d'atomes produits par l'interaction des neutrinos. Même lorsque les atomes d'argon étaient formés pour les besoins de l'expérience par un bombardement rapide de neutrons, les chaînes de réaction étaient tout à fait différentes de celles qui se déclenchaient avec les neutrinos en provenance du Soleil. Il demeurait dans tous les cas quelque différence entre l'expérience elle-même et l'étalonnage. Pour qu'un étalonnage soit convaincant, il fallait que ces différences *semblent minimes* afin qu'il paraisse aussi proche que possible de la « réalité », mais cette notion même de *minimum* était variable.

Comme nous l'avons vu dans les autres chapitres, les différences entre les expériences sèment toujours le doute. Que ces doutes surgissent ou non dépend du fait de savoir jusqu'à quel point le chercheur est prêt à remettre en question le consensus général sur ce qu'est une différence significative. Ainsi que nous l'avons dit, Jacobs était prêt à le faire et pour lui ces différences ouvraient une faille par laquelle son hypothèse du « piège à argon » pouvait se glisser.

Il existait un procédé de vérification complexe qui, du point de vue de beaucoup, permettait d'éliminer cette hypothèse du piège. Davis effectua par la suite cette vérification avec succès. Nous ne saurons jamais si Jacobs l'aurait elle aussi remise en question car il ne réussit pas à obtenir le poste qu'il briguait dans son université et abandonna purement et simplement la recherche. Quoique les choses en soient restées là, si un jour quelqu'un d'aussi résolu que Jacobs entrait en lice...

Solutions au problème

Mise à part la radiochimie, la réaction quasi générale aux résultats obtenus par Davis a été de mettre en cause un ou plusieurs des enchaînements d'hypothèses existantes dans les domaines de la physique nucléaire, de l'astrophysique et de la physique des neutrinos, hypothèses sur lesquelles s'étaient fondée l'évaluation des flux de neutrinos. En 1976, plus de 400 articles avaient été publiés pour proposer des « solutions » au problème des neutrinos solaires. Il ne faut peut-être pas s'étonner si c'est dans le domaine de l'astrophysique que la plupart des solutions ont été esquissées. Nous avons déjà parlé de la sensibilité extraordinaire à la température du nombre des neutrinos que Davis cherchait à détecter, et un grand nombre de solutions impliquaient des modifications du modèle solaire qui aboutissaient à réviser à la baisse la température au centre du Soleil. Ainsi, le mélange avec le cœur brûlant de l'astre d'un matériau plus froid de ses couches extérieures réduirait le flux de neutrinos. Cette réduction aurait pu également résulter de l'apport d'éléments lourds dans les premiers temps de la vie du Soleil, à la suite peut-être d'une collision avec un autre corps céleste. Dans le domaine de la physique nucléaire, on a suggéré que les extrapolations à partir des hautes énergies n'avaient pas été effectuées comme il fallait. « L'oscillation des neutrinos » est l'une des solutions les plus séduisantes. Durant des années, Davis avait obtenu des résultats qui étaient uniformément d'un tiers environ des estimations théoriques les plus hautes. Du fait qu'il existe trois formes de neutrinos et que le dispositif expérimental de Davis n'en pouvait détecter qu'une seule, l'idée était que, si les neutrinos étaient produits à l'intérieur du Soleil sous l'une des trois formes, ils oscillaient entre elles au cours de leur long voyage vers la Terre alors que Davis ne pouvait les détecter que sous l'une d'elles.

Certaines des solutions proposées étaient beaucoup plus surprenantes : on a suggéré que le Soleil ne brûlait pas d'hydrogène du tout ; qu'une théorie aussi fondamentale que celle des interactions faibles qui gouverne les interactions entre le chlore et les neutrinos était erronée. Beaucoup d'entre elles n'ont jamais été réfutées et restent ignorées dans la masse des écrits scientifiques. D'autres ont été examinées attentivement et rejetées pour toutes sortes de raisons. Il a souvent été difficile de les éliminer complètement et les critiques ont dû faire appel à d'autres arguments : elles avaient été imaginées pour les besoins de la cause ou manquaient tout bonnement d'élégance. Dans l'ensemble, aucune d'entre elles n'a jusqu'ici fait l'unanimité et, à l'inverse, la théorie de l'évolution stellaire n'a pas encore été renversée. Le résultat de l'expérience sur les neutrinos solaires est considéré comme une anomalie – quelque chose qui doit être mis sur la touche pour l'instant.

Une percée au cœur de la science

Bien qu'aucune de ces hypothèses n'ait été considérée jusqu'à présent comme *la* solution au problème des neutrinos solaires, toutes sont intéressantes car elles laissent entrevoir une sphère de doute et d'incertitude derrière des secteurs de la connaissance même les plus solidement établis. Avant 1967, le projet de détection des neutrinos solaires semblait reposer sur une solide charpente d'hypothèses théoriques et expérimentales – assez solide en tout cas pour qu'on lui ait consacré beaucoup d'argent et de temps. A n'en pas douter, lorsqu'on aura trouvé une solution acceptable, tous les doutes actuels s'évanouiront et les chercheurs retrouveront pleine confiance dans leur spécialité. Ce qui est maintenant « défait » sera « refait ».

On peut également envisager ce qui s'est passé sous un autre angle en voyant dans le résultat obtenu par Davis une percée au cœur de la science. C'est comme si ces résultats avaient déchiré le tissu d'idées et de pratiques normalement tenues pour acquises. Pour un temps, les hommes de science ont pu penser l'impensable, explorer l'inexplorable, se libérer du joug de la science orthodoxe et se demander simplement : « Qu'en serait-il si … ? » Mais si l'on prend au sérieux toutes les suggestions, tout ce que nous considérons comme acquis peut alors être remis en question. Dans ce cas, la fusion nucléaire pourrait ne plus être la source d'énergie du Soleil. Les neutrinos pourraient aussi bien osciller que s'évanouir dans la nature ou rester terrés au cœur du Soleil. Celui-ci pourrait traverser des périodes de chambardement correspondant aux périodes glaciaires ; l'argon se laisserait piéger ; la théorie des interactions faibles ne rimerait plus à rien ; et ainsi de suite.

Nous devons remercier Ray Davis de nous procurer cette « expérience de pensée » sur la plasticité de la culture scientifique. Il va de soi que la science du « Et si… » n'est pas la science conventionnelle : il n'est pas question que « cent fleurs s'épanouissent ». Le problème des neutrinos solaires nous met en présence du dilemme suivant : si, en certaines circonstances, les hommes de science peuvent penser l'impensable, qu'est-ce qui les empêche de le faire la plupart du temps ? Si la réponse ne se trouve pas dans une Nature récalcitrante – et l'ensemble de ce livre laisse à penser qu'elle impose beaucoup moins de contraintes qu'on ne le croit d'ordinaire –, il ne reste que la culture scientifique. Si la science fonctionne comme elle le fait, ce n'est pas en raison de contraintes impérieuses imposées par la Nature, mais parce que nous l'avons faite ainsi.

Conclusion :
Mettre le golem au travail

Regard sur le passé, coup d'œil sur l'avenir

Nous avons suivi le déroulement de plusieurs épisodes de l'histoire de la science et décrit les travaux non seulement des savants les plus respectés – Einstein, Newton et Pasteur –, mais aussi ceux qui ne sont guère glorifiés – ceux de Joseph Weber sur les ondes gravitationnelles, et d'Ungar et McConnell sur le transfert de la mémoire. Dans certains cas – le problème des neutrinos solaires et le comportement sexuel des lézards à queue en fouet – le verdict n'a pas encore été prononcé. Deviendront-ils le canon de la science ou sa chair à canon ? Cela reste à voir, mais n'espérons pas trouver la réponse uniquement dans les expériences et la théorie seules.

Ce n'est pas par hasard si nous avons choisi d'examiner à la fois le dessus du panier et les laissés-pour-compte. Nous nous sommes efforcés d'égaliser la chaîne irrégulière des sommités scientifiques soulevée par les forces de l'histoire commémorative. Jetons un regard sur les débuts de la science moderne et nous y verrons des sommets apparemment invincibles – le mont Newton, le mont Pasteur, le mont Einstein. Mais, devant nous, le terrain est plat. Chaque fois que nous regardons en arrière, nous voyons quelques nouvelles éminences se détacher de la plaine. Quels sont ces nouveaux sommets ? Étaient-ils là hier ? Pour comprendre comment fonctionne la science, nous devons nous demander comment nous permettons à ces contreforts et à ces montagnes d'émerger. Et pour y réussir, il nous faut connaître aussi bien les échecs que les réussites scientifiques. C'est pour nous la seule façon de trouver le courage d'escalader les sommets interdits d'hier et ceux qui viennent de se former derrière nous. Si nos exemples nous ont appris une chose, c'est qu'il n'y a pas de logique de la découverte scientifique. Ou plutôt, s'il en existe une, c'est celle de la vie de tous les jours.

L'erreur humaine

Il est impossible de dissocier la science et la société. C'est cependant en entretenant l'idée qu'il existe deux sphères séparées que nous faisons naître l'image stéréotypée d'une science dominatrice et presque divinisée. Comment est-il possible de donner cette impression de cloisonnement ?

Lorsque quelque chose ne va pas, la communauté scientifique réagit à la manière d'une fourmilière face à un intrus. Dans le cas de la science, ce sont des corps humains qui sont sacrifiés – ceux responsables de l'« erreur humaine » qui a fait naître le problème. La navette spatiale, la centrale de Tchernobyl ont explosé à cause d'une erreur humaine. C'est à rechercher celle-ci que servent les enquêtes menées au lendemain des accidents. Selon nous, l'« erreur » humaine participe au contraire de l'essence même de la science, parce que la science est le produit de l'activité humaine. Lorsque les choses vont de travers, ce n'est pas à cause d'une erreur humaine qui aurait pu être évitée, mais parce qu'il en sera toujours ainsi dans les affaires des hommes. On ne peut demander aux chercheurs et aux techniciens de ne plus se comporter en humains et seuls les automates mythiques – fort différents du golem – pourraient nous procurer le degré de certitude que les scientifiques sont habitués à attendre d'eux.

Comme nous l'avons fait remarquer en introduction, dans l'état actuel des choses, nous ne voyons pas la science autrement que sous deux jours différents – soit comme la grande bienfaitrice, soit comme le mal absolu. Ce manque de mesure – la pensée dualiste qui passe d'un extrême à l'autre – tient inévitablement au fait que l'on attende d'un modèle scientifique et technologique une certitude absolue. Ces attitudes extrêmes sont malheureusement aussi préjudiciables l'une que l'autre. Les prétentions à l'autorité d'un grand nombre de chercheurs et de techniciens sont choquantes et injustifiées, mais la réaction tout aussi excessive qu'elles suscitent lorsqu'elles manquent à leurs promesses risque de faire naître un fort courant antiscientifique. Les scientifiques devraient moins promettre et mieux tenir. Et, quant à nous, admirons-les pour leur art – ils sont ceux qui savent le mieux comment fonctionne la nature.

Comment le public comprend-il la science ?

Quelles sont les conséquences de cette conception de la science ? La première chose à dire, si tant est que ce ne soit pas déjà acquis, c'est qu'elle n'est pas hostile à la science. Cette nouvelle manière de voir ne devrait pas changer grand-chose dans la façon dont les chercheurs effectuent leur travail, disons, à titre de métaphore, sur la paillasse de leur laboratoire. En un sens, la vision sociale de la science est inutile aux chercheurs – elle ne peut qu'affaiblir leur volonté de découvrir. Si notre redéfinition doit avoir un impact, c'est sur la méthode suivie par les disciplines qui singent ce qu'elles croient être les pratiques des sciences naturelles les plus prestigieuses, et sur les individus et les institutions qui risquent de détruire dans l'œuf les sciences nouvelles par leur inaptitude à se conformer à un idéal mal placé.

Il est bien connu que les sciences sociales souffrent du premier de ces maux – le fantasme de la physique –, certains domaines de la psychologie expérimentale et de la sociologie quantitative, pleins d'hypothèses doctement formulées et de manipulations statistiques de données sans importance, étant parmi les exemples les plus parlants de cette sorte de « scientisme ».

Le second de ces maux est plus préoccupant. L'accueil favorable réservé par le public à des pseudo-sciences comme la parapsychologie – la psychokinésie ou étude de l'« effet de l'esprit sur la matière », la « télépathie », etc. – laisse craindre que les sciences marginales prennent la relève. Un mouvement s'est formé pour lutter contre cette tendance ; ses membres, au nom de la méthode scientifique authentique, se sont fixés pour objectif de « démystifier » tout ce qui n'est pas conforme au canon de la science. Ces efforts sont louables quand ils visent à ouvrir les yeux du public sur des prétentions injustifiées, mais le zèle de ces censeurs bénévoles s'applique à des domaines qui ne sont pas de leur ressort.

Récemment, à la télévision britannique, tous les téléspectateurs ont pu voir un prestidigitateur déclarer à un homme de science prestigieux, directeur d'un institut de recherche parisien, que ses idées étaient ridicules. Cette attaque n'était pas motivée par les méthodes employées par le savant, mais par le sujet même de ses recherches – l'homéopathie ; l'argument du critique était cependant une version idéalisée de ce que doit être la méthode scientifique. Ce n'est pas le fait du hasard si ceux qui sont le plus certains de comprendre en quoi consiste cette méthode ont eux-mêmes rarement travaillé aux frontières de la science. « Tout paraît beau vu de loin », dit-on en amour ; cela est vrai aussi de la science. Il est essentiel que ces censeurs n'acquièrent pas un pouvoir qui leur permettrait d'étouffer tout ce qui sort de l'ordinaire dans le monde de la science. Leur rôle est de tirer le public des griffes des charlatans, mais il ne faut pas que les chercheurs les utilisent pour mener leurs combats à leur place. Si l'efficacité de l'homéopathie ne peut être démontrée expérimentalement, il appartient aux scientifiques, qui savent combien les recherches dans les zones frontières sont risquées, de montrer pourquoi. En laisser le soin à d'autres revient à s'adjoindre les services d'une autre sorte de golem, capable celui-là de détruire la science elle-même.

La science et le citoyen

Le débat sur l'appréhension publique de la science est également faussé par une confusion entre méthode et contenu. C'est la méthode que nous voulons voir expliquée, mais c'est le contenu de la science que la plupart des gens curieux de ces questions attendent qu'on leur révèle – autrement dit, ce que les puissants croient être le contenu de la science. La raison invoquée par ceux qui se préoccupent de faire connaître la science au public est que les questions scientifiques et techniques sont de plus en plus souvent impliquées dans le processus politique. Les citoyens, lorsqu'ils votent, ont besoin d'un minimum de connaissances pour décider s'ils préfèrent voir augmenter le nombre des centrales thermiques ou des centrales nucléaires, augmenter la production de blé ou la propreté des rivières, la vivisection ou les progrès de la médecine, ou encore savoir si ce sont là les seules alternatives. Peut-être existe-t-il des solutions neuves – force marémotrice, agriculture biologique, test des médicaments sans vivisection. Les « vulgarisateurs » semblent croire que si l'homme de la rue connaissait mieux les questions scientifiques, il serait mieux à même de décider de toutes ces choses.

Comment peut-on penser cela ? C'est une des plus grandes illusions de notre temps. Pourquoi ? Parce que, dans ces débats, on trouvera toujours des docteurs et des professeurs pour défendre des opinions opposées. Les arguments sont en grande partie forgés dans les universités. Les défenseurs des deux bords ont donc des connaissances en des domaines précis qui dépassent de beaucoup celles que l'on pourra jamais espérer attendre de l'homme de la rue et tous savent comment défendre leur point de vue avec netteté et sans commettre d'erreurs trop évidentes. La raison pour laquelle de tels débats sont insolubles en dépit de toutes ces compétences est ce que nous avons tenté de démontrer dans ce livre. En d'autres termes, nous avons montré qu'il est impossible aux chercheurs de trancher leurs désaccords en affinant leurs expériences, en acquérant de nouvelles connaissances, en faisant progresser les théories ou en clarifiant leur pensée. Il est vain de croire que le public en général puisse faire mieux.

Nous sommes d'accord avec les médiateurs de la science pour affirmer que le citoyen a besoin d'être assez informé pour se prononcer sur des questions techniques, mais il n'est pas nécessaire que l'information porte sur le contenu de la science ; elle doit concerner les rapports entre les experts et les hommes politiques, les médias et le reste de la population. Le citoyen sait de longue main comment s'y retrouver au milieu d'avis divergents – n'est-ce pas là ce qu'expriment les différents partis politiques ? Ce que le citoyen n'est pas en mesure de faire, c'est de s'y retrouver au milieu d'avis divergents qui prétendent être autre chose que ce qu'ils sont. « Qui croire ? » n'est pas la seule question ; il y en a deux : « Qui croire ? » et « Les scientifiques sont-ils des dieux ou des charlatans ? » La seconde est celle qui rend le débat si incertain du fait, comme nous l'avons dit, que deux options seulement sont proposées.

Nous avons tenté ici de résoudre, ou mieux de dissoudre cette dernière question – les chercheurs ne sont pas plus des dieux que des charlatans, ils ne sont que des spécialistes, comme tous ceux que l'on rencontre sur la scène politique. Ils ont, bien sûr, leur domaine de compétence particulier – la connaissance du monde physique –, mais leur savoir n'est pas plus parfait que celui des économistes, des responsables des politiques de santé, des policiers, des avocats, des météorologistes, des agents de voyages, des garagistes ou des plombiers.

La seule connaissance particulière dont *nous* ayons besoin dans nos rapports avec eux est celle, bien développée, de la vie quotidienne ; celle qui nous sert lorsque nous avons affaire, par exemple, à notre plombier. Les plombiers ne sont pas parfaits – loin de là – mais la société n'est pas investie pour autant par des adversaires acharnés de la plomberie, car il ne nous est pas donné d'opter pour l'antiplomberie. Et cette option n'existe pas car l'option contraire – la plomberie divinisée – ne recueille pas non plus beaucoup de suffrages...

Le premier objectif de ce livre est de transformer la manière dont le public comprend le rôle politique de la science et de la technique et c'est la raison pour laquelle la plupart de ses chapitres ont voulu mettre en pleine clarté le fonctionnement interne de la science.

La science et le droit

La manière de concevoir la science que nous développons ici n'a pas seulement des implications sur l'interface de la science et de la politique. Là où la science touche une autre institution, les choses changent lorsque nous apprenons à la considérer comme une compétence spéciale plutôt que comme une connaissance certaine. Regardons ce qui se passe au point de rencontre entre la science et le droit. Au tribunal, les experts sont capables d'apporter des indications sur la culpabilité ou l'innocence de l'accusé. Le cheveu trouvé sur le lieu du crime appartenait-il à celui-ci ? A-t-on découvert sur la victime des fibres de ses vêtements à l'état de traces ? Les fluides corporels trouvés sur le corps peuvent-ils provenir de l'accusé et quelles sont les chances qu'ils puissent provenir de quelqu'un d'autre ? L'accusé a-t-il manié des explosifs récemment ? Au moment où nous écrivons, le système judiciaire britannique est ébranlé par l'annulation d'une série de jugements qui avaient été prononcés contre des personnes soupçonnées d'avoir placé des bombes pour le compte de l'IRA. Elles ont passé plusieurs années en prison avant que l'on s'aperçoive finalement que les indices sur lesquels elles avaient été condamnées étaient « douteux ». En l'occurrence, l'indice crucial avait consisté à montrer que les accusés avaient peu de temps auparavant manié de la nitroglycérine dont les traces indélébiles étaient restées sur leurs mains. L'ennui est que, comme on le réalise maintenant, le test n'est pas infaillible.

D'autres objets, les cartes à jouer notamment, contiennent des substances chimiques proches de la nitroglycérine et le seul fait de les manipuler peut suffire à rendre le test positif. Les experts scientifiques témoins au procès n'avaient pas signalé cette possibilité d'erreur, ni n'en avaient précisé l'ordre de grandeur. Ces erreurs judiciaires ont jeté le discrédit sur toute la profession et, en fait, sur le système judiciaire britannique dans son ensemble. Et, ce qui est plus grave, des citoyens probablement innocents ont passé injustement plusieurs années de leur vie en prison.

En comparant l'analyse méthodologique que nous proposons ici et l'image conventionnelle de la science, il est facile de comprendre comment ce désastre a pu se produire. Tant que l'on pensera que la science procure des certitudes, il ne semblera pas utile de traiter la preuve scientifique comme toute autre preuve légale, de sorte que les discordances *devront*, une fois de plus, être imputées à l'erreur humaine. Ce sont pourtant les institutions chargées de réglementer le régime de la preuve légale qui doivent être incriminées. Le problème tient au fait que l'on n'a pas jugé nécessaire d'exiger deux versions différentes de la preuve – l'une à la charge, l'autre à la défense de l'accusé. Ainsi, dans les tribunaux britanniques, seul le ministère de l'Intérieur est habilité à nommer les experts et à produire les conclusions scientifiques. Ces derniers présentent leurs résultats apparemment neutres au tribunal sans que la défense ait pu en faire préalablement une analyse détaillée. La preuve scientifique est censée être neutre par définition ; une autre présentation des faits est donc superflue – elle ne pourrait qu'aboutir à la même conclusion ! (En d'autres termes, on ne considère pas que les experts scientifiques représentent, mais seulement présentent.) Mais, comme nous venons de le voir dans le scandale des bombes, l'expertise légale est contestable comme toute autre compétence scientifique et ne diffère pas des processus scientifiques décrits dans ce livre.

Contester l'expertise légale aura pour effet de ne plus permettre à la science de mettre aussi rapidement un terme aux procès sur lesquelles elle est appelée à témoigner. L'institution judiciaire ne déléguera plus sa responsabilité aux experts ; ceux-ci participeront aux débats au même titre que d'autres. Mais il *devrait* en être ainsi et il n'est pas justifié qu'il en soit autrement. En outre, si l'expertise scientifique doit être soumise aux mêmes contestations que les autres sortes de preuves, elle n'a plus à supporter le fardeau embarrassant d'une certitude qu'elle ne peut offrir.

Il est intéressant de noter que le système judiciaire américain est allé trop loin en sens inverse. Entre les mains d'un avocat habile, toute expertise légale peut être rejetée. Il arrive souvent que les preuves scientifiques ne soient plus d'aucun poids du fait que les avocats sont passés maître dans l'art de produire des « témoins-experts » qui les « déconstruisent » une à une. Le regard nouveau que nous portons sur la science jette là encore quelque clarté.

En premier lieu, le fait que toute preuve puisse être examinée et mise en doute ne devrait pas nous surprendre, compte tenu de notre perception nouvelle de la science. L'important n'est pas de savoir si l'une des parties comprend comme il faut les faits scientifiques tandis que l'autre en a une vision fausse. Toute preuve est contestable. Mais il ne s'ensuit pas pour autant que les preuves légales ne doivent rien peser dans la balance. Pour juger de la solidité d'une preuve légale, nous devons appliquer les règles que nous appliquerions normalement pour évaluer tout autre argument avancé par des experts. Ainsi, certains d'entre eux seront plus crédibles que d'autres et certains ne le seront pas du tout. Le fonctionnement du système judiciaire américain ne semble tirer qu'une seule leçon de notre nouvelle vision de la science. Le simple fait que les scientifiques soient en désaccord et que l'expérience et l'observation ne suffisent pas à elles seules à trancher leurs débats ne signifie pas cependant que les scientifiques ne s'accordent jamais. Si les ondes gravitationnelles ne sont pas un fait naturel, la courbure imprimée par le Soleil aux rayons lumineux en est un.

Il convient donc de se demander comment, dans le cadre du système judiciaire américain, permettre la conclusion des débats maintenant que les scientifiques ont tant perdu de leur crédibilité. Il est nécessaire de mettre en place des mécanismes tels que les voix non expertes ne couvrent pas celles des experts. Bien sûr, cela n'est pas simple, surtout lorsque ces experts sont au service de groupes d'intérêts particuliers. Mais résoudre les problèmes de ce genre participe de la vie politique et institutionnelle ordinaire. Les agences gouvernementales américaines telles que la Food and Drug Administration (service chargé du contrôle de la qualité des aliments et des médicaments) et l'Environmental Protection Agency, ainsi que le système judiciaire américain dans son ensemble, ne retrouveront leur crédit que s'ils prennent conscience du fait que le bon fonctionnement de la science conduit à l'accord entre experts. Permettre à tout le monde de prendre la parole est aussi préjudiciable que de ne le permettre qu'à un groupe privilégié ou de l'interdire à tous.

Le désordre dans lequel se trouve la science au service de la loi est représentatif de l'ensemble du débat. Trop promettre au nom de la science provoque une réaction inacceptable. Limitons ces promesses à ce qu'elle peut offrir et l'expertise scientifique sera alors tenue en estime ou suspicion, utilisée ou ignorée, non plus de manière erratique mais comme toute autre institution.

Enquêtes publiques

Appliquer cette nouvelle analyse partout où la science intéresse une autre institution sociale permettra d'aborder les problèmes plus efficacement. Que se passe-t-il lorsque le projet d'implantation d'une nouvelle centrale nucléaire est soumis à enquête publique ? A en croire les calculs complexes de certains experts, la probabilité d'un accident est négligeable. D'après d'autres spécialistes, le risque est trop important pour qu'on puisse l'envisager. Il faut faire son choix. Des institutions quasi officielles ou des agences fédérales aident parfois à faire le tri entre les rapports d'expertises, mais en définitive le mieux que puisse faire le citoyen est d'écouter les avis différents et de décider comme il le ferait pour l'emplacement de sa propre maison ; rien ne garantit finalement qu'il ne se trompera pas.

Expériences ou démonstrations dans le domaine public

Lorsque la Federal Aviation Authority (services de l'aviation civile américaine) fait s'écraser un avion aux réservoirs remplis d'un kérosène sans effet de brouillard pour déterminer si ce carburant est plus sûr et quand les chemins de fer britanniques font entrer un train en collision avec une citerne contenant un combustible atomique pour établir si celle-ci peut être brisée par accident, ils ne font pas de la science. Comme nous l'avons montré, dans le domaine de la science véritable, les expériences permettent rarement d'aboutir à des conclusions évidentes. Dans le cas présent, il s'agit de « démonstrations » destinées à trancher un débat politique. Le rôle de la science dans de telles « démonstrations » est aussi contestable qu'il l'est dans le système judiciaire britannique.

A tout le moins, soyons sur nos gardes si l'une des interprétations d'un test de ce genre est présentée comme irréfutable. Écoutons les interprétations proposées par divers groupes d'intérêt et assurons-nous que chacun a pu jouir d'un droit de regard sur la préparation de l'expérience et l'interprétation de ses résultats. S'ils en contestent le bien-fondé, prenons connaissance de leurs critiques.

La science à la télévision

Lorsqu'on montre une expérience à la télévision, soyons attentifs au modèle scientifique impliqué. Dans une présentation semblable à celles que nous avons faites ici, une émission a montré par quels tâtonnements et quelles épreuves était passée l'équipe du CERN qui découvrit la particule fondamentale « Z ». Elle décrivait la pagaille qui régnait dans le laboratoire, les faux départs et les modifications apportées au dispositif expérimental, les incertitudes qui entourèrent les premiers résultats, les calculs statistiques auxquels on eut recours pour conforter la certitude que quelque chose avait bien été découvert, elle montrait comment le directeur du programme avait décidé de « rendre public » en dépit des doutes importants éprouvés par certains membres de l'équipe et enfin la conférence de presse au cours de laquelle la découverte fut annoncée au monde. Tout cela était extraordinairement bien dépeint, mais, à la fin, le commentateur trahit les intentions de l'émission. On l'avait intitulée « L'événement de Genève », avec un brin d'ironie, espérons-le, mais le commentateur affirma finalement qu'il s'agissait d'une des plus grandes découvertes depuis Faraday. Même ici, on n'avait donc pas voulu que le téléspectateur reste sur une impression d'incohérence ; on avait éprouvé le besoin de conclure sur une note triomphaliste. Malheureusement, rares sont les émissions qui montrent la science comme nous l'avons dépeinte dans ces pages.

Les enquêtes sur les accidents

Lorsque des enquêtes publiques sont effectuées à la suite d'accidents, comme ce fut le cas dans celui de la navette spatiale, restez sur votre réserve si elles ne révèlent pas autre chose qu'une erreur humaine. Découvrir une erreur humaine, c'est jeter le blâme sur quelque chose d'extérieur à la science. Mieux vaudrait qu'il le soit sur quelque chose d'intérieur à elle – la responsabilité retombera bien entendu sur des hommes, mais ils en seront en même temps dégagés. Personne n'est parfait. Si, le jour fatal, les agents qui ont permis à la navette spatiale de décoller avaient été attentifs à tous les avertissements prodigués par les vols précédents, le vaisseau ne serait pas parti. La science et la technique sont par nature risquées. Quand on rend l'individu responsable d'une catastrophe, on devrait le faire dans le même esprit que lorsqu'on attribue une responsabilité politique ; en politique, responsabilité et faute ne sont pas tout à fait la même chose. Nous pouvons être certains que quantité d'accidents vont se produire et que plus nombreuses encore seront les têtes qui tomberont, mais on n'y peut strictement rien.

L'éducation scientifique

Nous terminerons en parlant de l'éducation scientifique à l'école. Il est commode d'avoir quelques notions scientifiques

– cela aide en maintes circonstances : réparer une voiture, installer une prise électrique, construire un avion modèle réduit, se servir de son ordinateur, savoir où placer un soufflé dans le four, faire des économies d'énergie dans sa maison, désinfecter une plaie, réparer une bouilloire, éviter de faire exploser le réchaud à gaz, et mille choses encore. Pour la faible proportion des élèves qui choisiront de se consacrer à la recherche, les études scientifiques doivent rester aussi rigoureuses, longues, et peut-être même spécialisées qu'elles le sont maintenant. Mais pour la plupart de nos enfants, futurs citoyens d'une société technicienne, il y a un autre enseignement, plus simple, à retirer.

Chaque cours où les enfants effectuent tous ensemble la même expérience représente, en petit, le monde de la recherche scientifique. Chacune de ces confrontations à plusieurs avec le monde naturel est en elle-même une véritable expérience sociologique. Imaginez-en le déroulement : le professeur demande à ses élèves de déterminer quelle est la température d'ébullition de l'eau en plongeant un thermomètre dans un becher et en effectuant une lecture au moment où l'eau commence à bouillir régulièrement. Une chose est certaine : quasiment aucun d'entre eux ne trouvera 100° à moins de connaître au préalable la bonne réponse et d'avoir voulu faire plaisir au professeur. Pierre trouvera 102°, Tania 105°, Jean 99,5°, Marie 100,2°, Alain 54° tandis que Bernard n'obtiendra aucun résultat ; Guillaume, quant à lui, laissera s'évaporer toute l'eau et fera exploser le thermomètre. Dix minutes avant la fin du cours, le professeur collectera ces résultats et mettra en branle le mécanisme social. Le thermomètre de Pierre se trouvait probablement dans une bulle de vapeur surchauffée quand il a effectué sa mesure, l'eau du vase de Tania comportait des impuretés, Jean n'avait pas attendu que l'eau atteigne la pleine ébullition, le résultat obtenu par Marie mettait en évidence l'effet de la légère augmentation de pression atmosphérique au niveau de la mer. Alain, Bernard et Guillaume n'étaient pas encore des expérimentateurs très confirmés… A la fin de la séance, chaque enfant conservera l'impression que leur expérience a prouvé que l'eau bout exactement à 100° ou l'aurait fait en l'absence d'effets purement locaux qui n'affectent pas le monde de la science et de la technique des « grands », avec son personnel hautement compétent et son matériel parfaitement au point.

Ces dix minutes consacrées à revoir et corriger ce qui s'est effectivement produit sont de la plus grande importance. Si seulement, une fois encore, les professeurs et les élèves prenaient le temps de réfléchir à ce qui s'est passé pendant ces dix minutes, ils apprendraient l'essentiel de ce qu'il est nécessaire de connaître en matière de sociologie des sciences. Car elles illustrent mieux les artifices de la science en train de se faire que n'importe quel cours magistral ou démonstration offerte par un laboratoire commercial avec ses résultats parfaitement clairs et prévisibles. Eddington, Michelson, Morley, Weber, Davis, Fleischmann, Pons, Jones, McConnell, Ungar, Crews, Pasteur et Pouchet sont des Pierre, Tania, Jean, Marie, Alain et Guillaume en blouse blanche, avec un doctorat en plus. Ils viennent tous avec des résultats qui varient beaucoup d'une expérience à l'autre. Et il y a toujours des théoriciens, comme notre professeur, pour s'évertuer à expliquer et à concilier. En fin de compte, c'est toujours la communauté scientifique (le directeur de l'école ?) qui met de l'ordre dans cette confusion, transformant les maladresses dépassées du golem scientifique collectif en une science mythique nette et propre. Il n'y a là rien de mal ; le seul péché est de ne pas savoir qu'il en a toujours été ainsi.

Bibliographie

Atkinson, P. et Delamont, S., « Mock-ups and Cock-ups : The Stage Management of Guided Discovery Instruction », in P. Woods et M. Hammersley (éds.), *School Experience : Explorations in the Sociology of Education*, Londres, Croom Helm, 1977.

Bennett, E. L. et Calvin, M., « Failure to Train Planarians Reliably », *Neurosciences Research Program Bulletin*, juillet-août 1964, p. 3-24.

Bijker, W., Hughes, T. P. et Pinch, T. J. (éd.), *The Social Construction of Technological Systems*, Cambridge, Mass., MIT Press, 1987.

Bloor, D., *Knowledge and Social Imagery*, Chicago et Londres, University Press of Chicago, 1991 (2e édition). Traduction française : *Socio/logie de la logique : les limites de l'épistémologie*, Paris, Pandore.

Byrne, W. L., Samuel, D., Bennett, E. L., Rosenzwieg, M. R., Wasserman, E., Wagner, A. R., Gardner, F., Galambos, R., Berger, B. D., Margoulis, D. L., Fenischel, R. L., Stein, L., Corson, J. A., Enesco, H. E., Chorover, S. L., Holt, C. E. III, Schiller, P. H., Chiapetta, L., Jarvik, M. E., Leaf, R. C., Dutcher, J. D., Horowitz, Z. P. et Carlton, P. L., « Memory Transfer », *Science*, 153, 1966, p. 658-659.

Close, F., *Too Hot to Handle : The Race for Cold Fusion*, Princeton University Press, 1991.

Collins, H. M. (éd.), *Knowledge and Controversy*, numéro spécial de *Social Studies in Science*, II, n° 1, 1981.

Collins, H. M., *Changing Order : Replication and Induction in Scientific Practice*, Londres et Beverley Hills, Sage, 1985, seconde édition avec une nouvelle postface publiée par Chicago University Press, 1992.

Collins, H. M., *Artificial Experts : Social Knowledge and Intelligent Machines*, Cambridge, Mass., MIT Press, 1990. Traduction française : *Experts artificiels : machines intelligentes et savoir social*, Paris, Le Seuil, 1992.

Collins, H. M. et Pinch, T. J., *Frames of Meaning : the Social Construction of Extraordinary Science*, Londres, Routledge, 1982.

Collins, H. M. et Shapin. S., « Experiment, Science, Teaching and the New History and Sociology of Science », in M. Shortland et A. Warwick (éd.), *Teaching the History of Science*, Blackwell, Londres, 1989.

Conning, W. C et Riccio, D., « The Planarian Controversy », in W. L. Byrne (éd.), *Molecular Approaches to Learning and Memory*, New York, Academic Press, 1970, p. 107-149.

Dubos, R., *Louis Pasteur : Free Lance of Science*, édition anglaise : New York, Charles Scribner, 1960.

Earman, J. et Glymour, C., « Relativity and Eclipses : The British Eclipse Expeditions of 1919 and their Predecessors », *Historical Studies in the Physical Sciences*, II (1), 1980, p. 49-85.

Einstein, A. et Infeld, L., *L'Évolution des idées en physique : des premiers concepts à la théorie de la relativité et des quanta*, Paris, Flammarion, 1983.

Farley, J. et Geison, G. L., « Science Politics and the Spontaneous Generation in Nineteenth-Century France : the Pasteur-Pouchet Debate », *Bulletin of the History of Medicine*, 48, 1974, p. 161-198. (Les références des numéros de pages correspondent à la version de cet article réimprimée dans Collins, H. M. (éd.), *The Sociology of Scientific Knowledge : A Sourcebook*, Bath University Press, 1982.)

Fleck, L., *Genesis and Development of a Scientific Fact*, Chicago et Londres, University of Chicago Press, 1979.

Gieryn, T., « The Ballad of Pons and Fleischmann : Experiment and Narrative in the (Un)Making of Cold Fusion », in Ernan McMullin (éd.), *The Social Dimension of Science*, Notre Dame University Press, 1992.

Goldstein, A., « Comments on the "Isolation, Identification and Synthesis of a Specific-Behaviour-Inducing Brain Peptide" », *Nature*, 242, 1973, p. 60-62.

Goldstein, A., Sheehan, P. et Goldstein, P., « Unsuccessful Attempts to Transfer Morphine Tolerance and Passive Avoidance by Brain Extracts », *Nature*, 233, 1971, p. 126-129.

Gooding, D., Pinch, T. et Schaffer, S., *The Uses of Experiment*, Cambridge University Press, 1989.

Haraway, D., *Primate Visions : Gender, Race and Nature in the World of Modern Science*, Londres et New York, Routledge, 1989.

Hawking, S., *Une brève histoire du temps : du Big Bang aux trous noirs*, Paris, Flammarion, 1989.

Jasanoff, S., *The Fifth Branch*, Cambridge, Harvard University Press, Mass., 1991.

Kuhn, T. S., *The Structure of Scientific Revolutions*, Chicago, University of Chicago Press, 1972. Traduction française : *La Structure des révolutions scientifiques*, Paris, Flammarion, 1972.

Latour, B., *La Science en action*, Paris, La Découverte, 1989.

Latour, B. et Woolgar, S., *La Vie de laboratoire*, Paris, La Découverte, 1988.

Lewenstein, B., « Cold Fusion and Hot History », *Osiris*, 7 (sous presse).

Mallove, E., *Fire From Ice : Searching for the Truth Behind The Cold Fusion Furore*, New York, John Wiley, 1991.

McConnell, J. V., « Memory Transfer Through Cannibalism in Planarians », *Journal of Neurophysiology*, 3, 1991, p. 42-48.

McConnell, J. V., « Failure to Interpret Planarian Data Correctly : A Reply to Bennett and Calvin », manuscrit non publié, Ann Arbor, University of Michigan, 1965.

Miller, D. C., « The Ether Drift Experiment and the Determination of the Absolute Motion of the Earth », *Reviews of Modern Physics*, 5, 1933, p. 203-242.

Myers, G., *Writing Biology : Texts in the Social Construction of Scientific Knowledge*, Madison, University of Wisconsin Press, 1933.

Pickering, A., *Constructing Quarks*, Chicago, University of Chicago Press, 1984.

Pinch, T. J., *Confronting Nature : The Sociology of Solar-Neutrino Detection*, Dordrecht, Reidel, 1986.

Richards, E., *Vitamin C and Cancer : Medicine or Politics*, Londres, Macmillan, 1991.

Shapin, S. et Schaffer, S., *Leviathan and the Air-Pump : Hobbes, Boyle and the Experimental Life*, Princeton University Press, 1985. Traduction française : *Le Laboratoire de la modernité : Hobbes, Boyle, entre science et politique*, Paris, La Découverte, 1993.

Swenson, L. S., *The Ethereal Aether : A History of the Michelson-Morley-Miller Aether-Drift Experiments, 1880-1930*, Austin et Londres, University of Texas Press, 1972.

Travis, G. D. L., « Memories and Molecules : A Sociological History of the Memory Transfer Phenomenon », PhD Thesis, University of Bath, 1987.

Ungar, G., « The Problem of Molecular Coding of Neural Information : A Critical Review », *Naturwissenschaften*, 60, 1973, p. 307-312.

Ungar, G., Desiderio, D. M. et Parr, W., « Isolation, Identification and Synthesis of Specific-Behaviour-Inducing Brain Peptide », *Nature*, 238, 1971, p. 198-202.

Von Kluber, H., « The Determination of Einstein's Light-deflection in the Gravitational Field of the Sun », *Vistas of Astronomy*, 3, 1960, p. 47-77.

Index

Table

NORMANDIE ROTO IMPRESSION S.A.S. À LONRAI (03-2003)
DÉPÔT LÉGAL : FÉVRIER 2001. N° 43795-2 (030899) (FRANCE)

Collection Points

SÉRIE SCIENCES

dirigée par Jean-Marc Lévy-Leblond et Nicolas Witkowski

DERNIERS TITRES PARUS

S58. La Recherche en paléontologie
ouvrage collectif
S59. La Symétrie aujourd'hui, *ouvrage collectif*
S60. Le Paranormal, *par Henri Broch*
S61. Petit Guide du ciel, *par A. Jouin et B. Pellequer*
S62. Une histoire de l'astronomie
par Jean-Pierre Verdet
S63. L'Homme re-naturé, *par Jean-Marie Pelt*
S64. Science avec conscience, *par Edgar Morin*
S65. Une histoire de l'informatique
par Philippe Breton
S66. Une histoire de la géologie, *par Gabriel Gohau*
S67. Une histoire des techniques
par Bruno Jacomy
S68. L'Héritage de la liberté, *par Albert Jacquard*
S69. Le Hasard aujourd'hui, *ouvrage collectif*
S70. L'Évolution humaine, *par Roger Lewin*
S71. Quand les poules auront des dents
par Stephen Jay Gould
S72. La Recherche sur les origines de l'univers
par La Recherche
S73. L'Aventure du vivant, *par Joël de Rosnay*
S74. Invitation à la philosophie des sciences
par Bruno Jarrosson
S75. La Mémoire de la Terre, *ouvrage collectif*
S76. Quoi ! C'est ça, le Big-Bang ?
par Sidney Harris
S77. Des technologies pour demain, *ouvrage collectif*
S78. Physique quantique et Représentation du monde
par Erwin Schrödinger
S79. La Machine univers, *par Pierre Lévy*

S82. Galilée, *par Ludovico Geymonat*
S83. L'Age du capitaine, *par Stella Baruk*
S84. L'Heure de s'enivrer, *par Hubert Reeves*
S85. Les Trous noirs, *par Jean-Pierre Luminet*
S86. Lumière et Matière, *par Richard Feynman*
S87. Le Sourire du flamant rose *par Stephen Jay Gould*
S88. L'Homme et le Climat, *par Jacques Labeyrie*
S89. Invitation à la science de l'écologie *par Paul Colinvaux*
S90. Les Technologies de l'intelligence *par Pierre Lévy*
S91. Le Hasard au quotidien, *par José Rose*
S92. Une histoire de la science grecque *par Geoffrey E. R. Lloyd*
S93. La Science sauvage, *ouvrage collectif*
S94. Qu'est-ce que la vie ?, *par Erwin Schrödinger*
S95. Les Origines de la physique moderne *par I. Bernard Cohen*
S96. Une histoire de l'écologie, *par Jean-Paul Deléage*
S97. L'Univers ambidextre, *par Martin Gardner*
S98. La Souris truquée, *par William Broad et Nicholas Wade*
S99. A tort et à raison, *par Henri Atlan*
S100. Poussières d'étoiles, *par Hubert Reeves*
S101. Fabrice ou l'École des mathématiques *par Stella Baruk*
S102. Les Sciences de la forme aujourd'hui *ouvrage collectif*
S103. L'Empire des techniques, *ouvrage collectif*
S104. Invitation aux mathématiques, *par Michael Guillen*
S105. Les Sciences de l'imprécis, *par Abraham A. Moles*
S106. Voyage chez les babouins, *par Shirley C. Strum*
S107. Invitation à la physique, *par Yoav Ben-Dov*
S108. Le Nombre d'or, *par Marguerite Neveux*
S109. L'Intelligence de l'animal, *par Jacques Vauclair*
S110. Les Grandes Expériences scientifiques *par Michel Rival*
S111. Invitation aux sciences cognitives *par Francisco J. Varela*
S112. Les Planètes, *par Daniel Benest*

S116. Les Sciences de la prévision, *collectif*
S117. Les Comètes et les Astéroïdes
par A.-Chantal Levasseur-Legourd
S118. Invitation à la théorie de l'information
par Emmanuel Dion
S119. Les Galaxies, *par Dominique Proust*
S120. Petit Guide de la Préhistoire
par Jacques Pernaud-Orliac
S121. La Foire aux dinosaures, *par Stephen Jay Gould*
S122. Le Théorème de Gödel
par Ernest Nagel / James R. Newman
Kurt Gödel / Jean-Yves Girard
S123. Le Noir de la nuit, *par Edward Harrison*
S124. Microcosmos, Le Peuple de l'herbe
par Claude Nuridsany et Marie Pérennou
S125. La Baignoire d'Archimède
par Sven Ortoli et Nicolas Witkowski
S126. Longitude, *par Dava Sobel*
S127. Petit Guide de la Terre, *par Nelly Cabanes*
S128. La vie est belle, *par Stephen Jay Gould*
S129. Histoire mondiale des sciences, *par Colin Ronan*
S130. Dernières Nouvelles du cosmos.
Vers la première seconde, *par Hubert Reeves*
S131. La Machine de Turing
par Alan Turing et Jean-Yves Girard
S132. Comment fabriquer un dinosaure
par Rob DeSalle et David Lindley
S133. La Mort des dinosaures, *par Charles Frankel*
S134. L'Univers des particules, *par Michel Crozon*
S135. La Première Seconde, *par Hubert Reeves*
S136. Au hasard, *par Ivar Ekeland*
S137. Comme les huit doigts de la main
par Stephen Jay Gould
S138. Des Grenouilles et des Hommes, *par Jacques Testart*
S139. Dialogue sur les deux grands systèmes du monde
par Galileo Galilée
S140. L'œil qui pense, *par Roger N. Shepard*
S141. La Quatrième Dimension, *par Rudy Rucker*
S142. Tout ce que vous devriez savoir sur la science
par Harry Collins et Trevor Pinch